最初からそう教えてくれればいいのに！

VLOOKUP関数のツボとコツがゼッタイにわかる本

立山 秀利 著

秀和システム

ダウンロードファイルについて

本書での学習を始める前にサンプルファイル一式を、秀和システムのホームページから本書のサポートページへ移動し、ダウンロードしておいてください。

秀和システムのホームページ

ホームページから本書のサポートページへ移動して、ダウンロードしてください。

URL　http://www.shuwasystem.co.jp/

はじめに

世界で最も利用されている表計算ソフトのExcel。読者のみなさんの中にも、仕事で毎日のよう使っている人は多いでしょう。Excelに数ある便利機能のひとつがVLOOKUP関数です。

VLOOKUP関数を使えると、仕事の効率や正確性が劇的に向上します。ところが、VLOOKUP関数は初心者にとって、機能や使い方などがわかりづらい関数です。せっかく便利なVLOOKUP関数があるのに、仕事に活かせず、歯がゆい思いをしている人は多いのではないでしょうか。

また、すでにVLOOKUP関数を使っている人でも、よく見ると使いこなせておらず、VLOOKUP関数の便利さを活かし切れていない光景がしばしば見受けられます。

本書はVLOOKUP関数に特化した本です。VLOOKUP関数の基本的な使い方から、高度な応用テクニックまでもが身に付けられる1冊となっています。

本書の大きな特長がわかりやすさです。特に機能や使い方などを解説するページについては、左ページには簡潔かつ丁寧な解説、右ページにはその図解という体裁となっており、テンポよく読み進めて理解できるようになっています。そして、学んだ内容をシンプルなサンプルを用いて体験することで、実践的なスキルとして身に付けられるようになっています。解説のページと異なる体裁ですが、操作画面をふんだんに交えつつ、手順ひとつひとつを丁寧に解説しています。

このような特長を備えた本書なら、たとえ今までVLOOKUP関数の習得にチャレンジして挫折してしまった人でも、理解が浅かく「何となく」で使っていた人も、きっと仕事で使いこなせるようになるでしょう。

本書は全部で6章あります。Chapter01～02まではVLOOKUP関数の知識がゼロの初心者向けの内容です。Chapter01はVLOOKUP関数の機能や利用シーンや得られるメリット、Chapter02は基本的な使い方を懇切丁寧に解説しています。少なくともChapter02までで、VLOOKUP関数を最低限使えるようになります。

Chapter03以降はVLOOKUP関数の基礎を習得した人向けです。Chapter03はVLOOKUP関数を使ううえでの注意点、Chapter04は入力したVLOOKUP関数を他のセルに効率よくコピーするワザを紹介します。Chapter05はあまり知られていないものの、非常に便利なVLOOKUP関数の使い方を解説します。Chapter06は高度な応用テクニックの数々を紹介します（Chapter06はChapter05までとは異なり、一般的な体裁のページとなります）。

それでは、本書のマスコットであるカエル君と一緒に、VLOOKUP関数を学んでいきましょう！

Chapter 02

VLOOKUP関数の基礎の基礎をマスター

Chapter 03 VLOOKUP関数はここに注意！

Chapter 04 他のセルにコピーして使うには

Chapter 05 数の範囲で検索する機能の使い方

Chapter
06 知っておくと便利なワザ

Chapter

01

こんな“困った”を VLOOKUP関数で解決！

Chapter 01

1 表からデータを探して、別の表に抽出したい

どんな操作になるか、想像してみよう！

想像してみていただけますか？　あなたは商品の売り上げデータをExcelで入力・管理していると仮定します。商品一覧の表はワークシート「商品一覧」にあり、右ページの上の表とします。売上の表はワークシート「売上」にあり、右ページの下の表とします。

どの商品に売上があったのかは、あなたに商品コードで知らされることになっていて、まずは売上の表のB列に入力します（❶）。続けて、その商品コードを商品一覧の表のA列から探し（❷）、同じ行にあるB列の商品名（❸）とC列の単価（❹）を売上の表のC列とD列に転記して入力するとします。

あなたならどんなふうにExcelで操作したらいいと思いますか？

商品一覧の表（上）、売上の表（下）

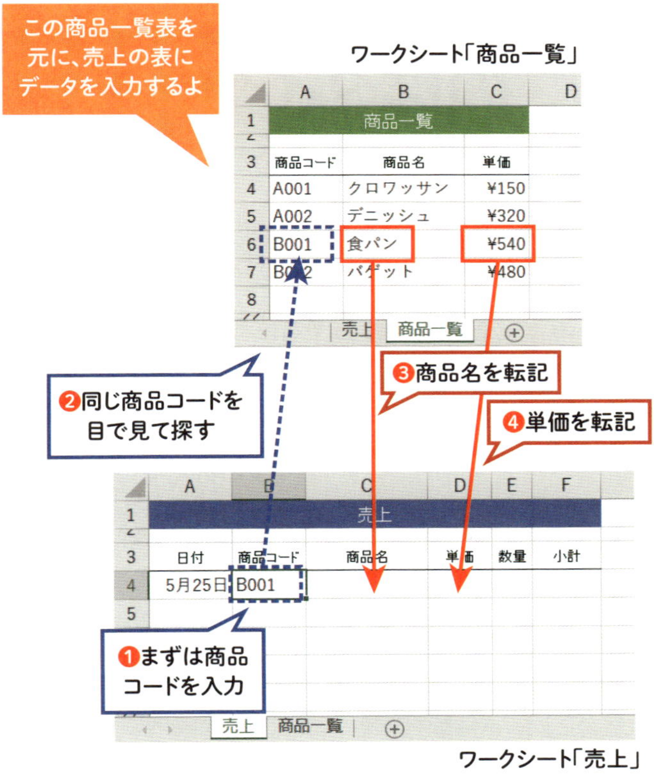

Chapter 01

2

手作業で探して抽出するのはタイヘン

この作業をもし手作業で行ったら?

前ページの作業をもし手作業で行ったらどうでしょう？　知らされた商品コードを商品一覧の表から自分の目で見て探し、商品名と単価をコピー・貼り付などで転記することで抽出していては、なかなかの手間です。売上の件数が増えるに従い、費やす労力と時間もどんどん増えます。しかも、手作業ゆえにミスも犯してしまうでしょう。

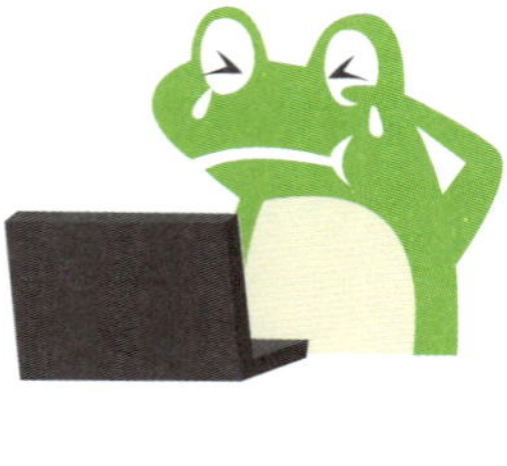

面倒だしミスも…

	商品一覧		
1	商品一覧		
2			
3	商品コード	商品名	単価
4	A001	クロワッサン	¥150
5	A002	デニッシュ	¥320
6	B001	食パン	¥540
7	B002	バゲット	¥480
8			

えっと、「B001」の商品コードは・・・・いちいち商品一覧表を見て転記するの、メンドウだなぁ

手間がかかる！

			売上			
1			売上			
2						
3	日付	商品コード	商品名	[illegible]	[illegible]	[illegible]
4	5月25日	B001	食パン	¥54[illegible]	1	¥540
5	5月25日	A001	クロワッサン	¥15[illegible]	4	¥600
6	5月25日	B002	バゲット	¥48[illegible]	2	¥960
7	5月26日	B001	食パン	¥640		
8						

あれっ、この単価って、これでよかったっけ？

転記ミス！

こんなこと手作業でやってたら
時間がかかるし、ミスもしちゃうよ

Chapter 01

3 商品のデータが変更されると修正がタイヘン

手作業でもできるけど…それだとその場しのぎの作業に…

売上のあった商品のデータを一度抽出してしまえば安心！　というわけでもありません。抽出した後も、データに変更があれば、手作業だと何かと苦労するものです。

たとえば、抽出元の表である商品一覧の表にて、ある商品の単価が変更されたとします。その場合、売上の表へすでに入力してあるその単価を変更しなければなりません。手作業だと、該当するデータを目で見て探し、セルのデータを書き換える――といった作業を強いられます。変更箇所が多いほど、労力も時間もかかり、ミスの恐れも増えることは言うまでもありません。

時間、労力もかかり、ミスも……

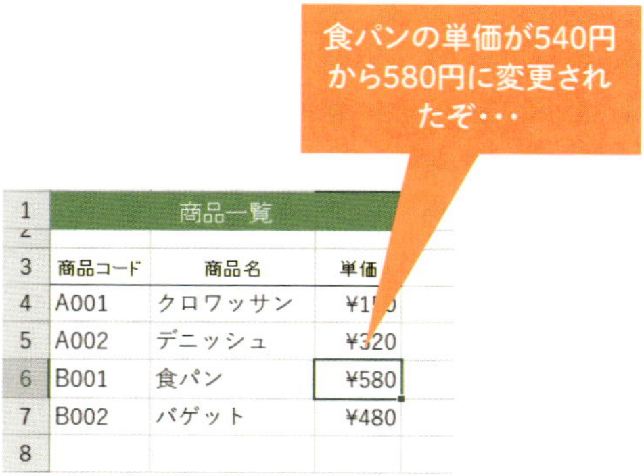
食パンの単価が540円
から580円に変更され
たぞ・・・

	商品一覧		
3	商品コード	商品名	単価
4	A001	クロワッサン	¥1[illegible]
5	A002	デニッシュ	¥320
6	B001	食パン	¥580
7	B002	バゲット	¥480

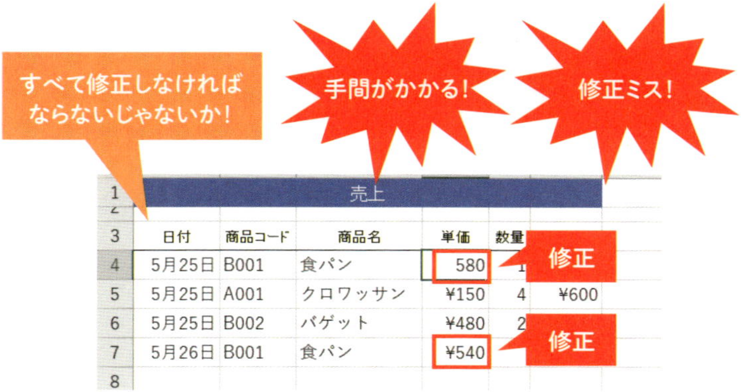
すべて修正しなければ
ならないじゃないか！
手間がかかる！
修正ミス！
修正
修正

	売上					
3	日付	商品コード	商品名	単価	数量	
4	5月25日	B001	食パン	580	1	
5	5月25日	A001	クロワッサン	¥150	4	¥600
6	5月25日	B002	バゲット	¥480	2	
7	5月26日	B001	食パン	¥540		

データ変更への対応も手作業だと
タイヘンだなぁ

Chapter 01

4

VLOOKUP関数で ミスなくラクラク抽出！

抽出作業を自動でやってくれる関数がある！

そんな抽出を自動でやってくれるのがVLOOKUP関数です！

VLOOKUP関数を使えば、目的の商品コードを商品一覧の表から探し、商品名と単価のデータを売上の表に自動で抽出してくれます。すべて自動で行ってくれるので、手間はかからず、ミスも防げて、よいことづくめです！

抽出作業を自動でやってくれる関数が
あるなら使わないと損だね!

魔法の関数！？　VLOOKUP関数！

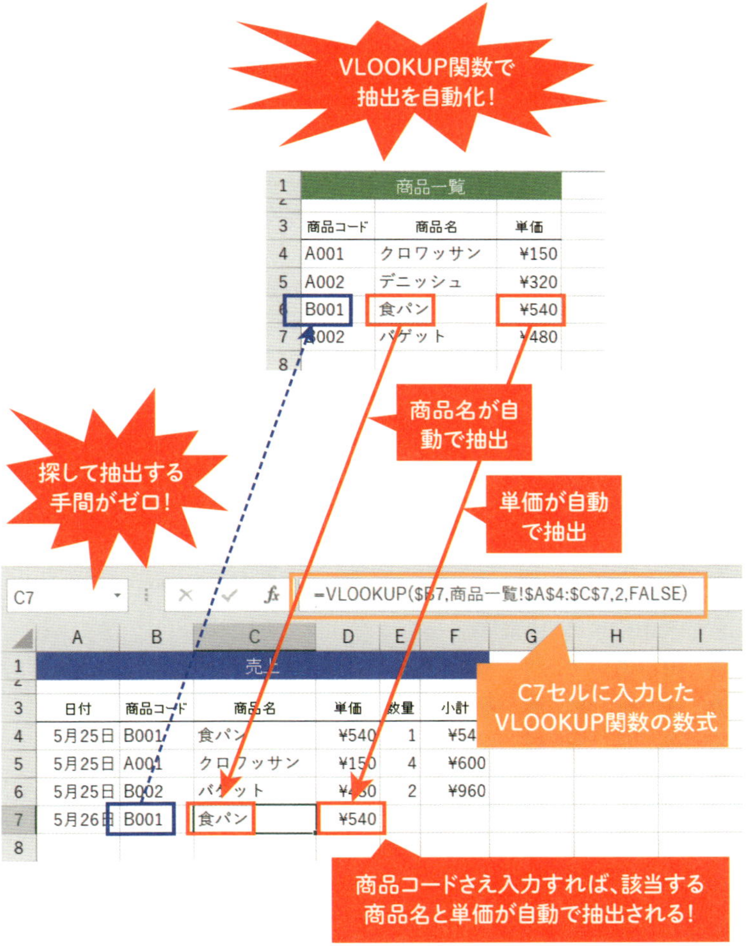

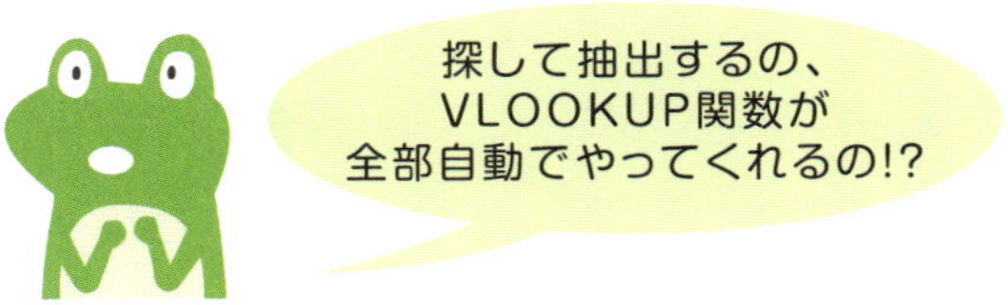

探して抽出するの、
VLOOKUP関数が
全部自動でやってくれるの!?

Chapter 01

5 データが変更されても、メンドウな修正は一切不要

修正ミスなく、作業効率もアップ！

しかも、VLOOKUP関数なら、商品のデータが変更された場合、メンドウな修正は必要ありません。

商品一覧の表から転記（コピー）するのではなく、抽出するかたちになるので、データは連動するようになります。

連動しているため、商品一覧の表で変更すれば、売上の表に変更が自動で反映されます。もちろん、自動で反映されるので、修正ミスもなくなります。

このように手作業による抽出の労力と時間、ミスの恐れをゼロにしてくれる、とってもありがたい関数なのです。

データ変更の対応も、VLOOKUP関数が
自動でやってくれるんだね!?

単価が変更されても自動で反映される！

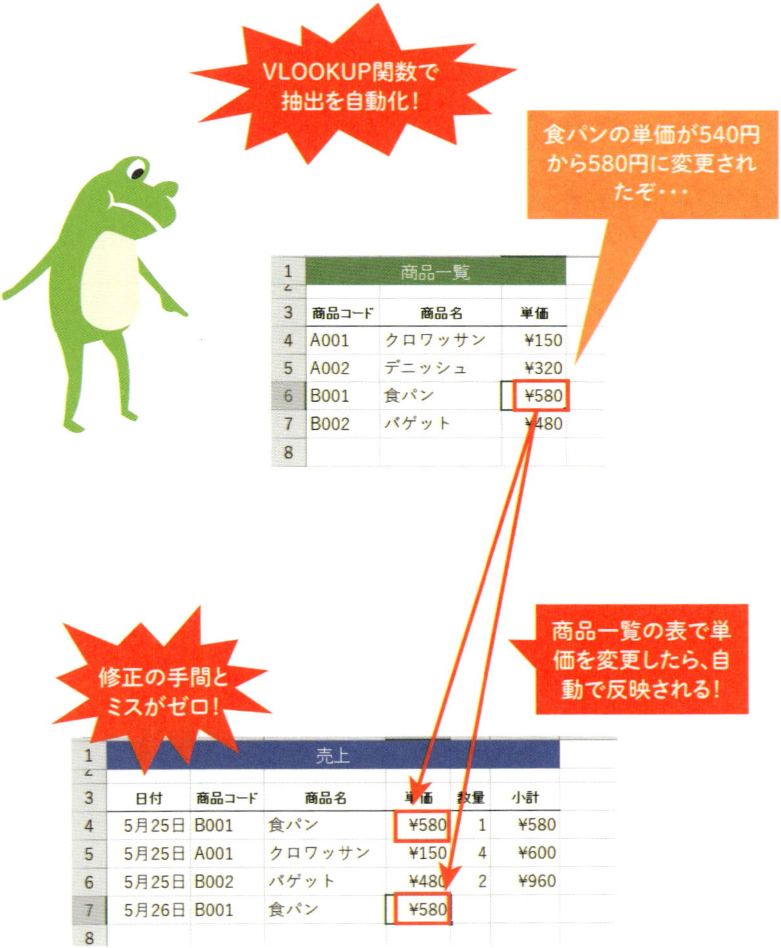

	商品一覧		
1			
3	商品コード	商品名	単価
4	A001	クロワッサン	¥150
5	A002	デニッシュ	¥320
6	B001	食パン	¥580
7	B002	バゲット	¥480
8			

	売上					
1						
3	日付	商品コード	商品名	単価	数量	小計
4	5月25日	B001	食パン	¥580	1	¥580
5	5月25日	A001	クロワッサン	¥150	4	¥600
6	5月25日	B002	バゲット	¥480	2	¥960
7	5月26日	B001	食パン	¥580		
8						

Chapter 01

6

数の範囲による判定もまだ手作業？

判定作業も効率化できる！

ほかにも、次のような作業で日々消耗していませんか？　右図左の表（A3 ～ C10セル）のように、支店ごとのスコアがB4セル以降にあり、「A」～「D」の４段階の評価を基準の範囲から判定し、C4セル以降に入力したいとします。評価の基準となるスコアの範囲は右図右の表（E3 ～ F7セル）とします。

このような評価を手作業を行おうとしたら大変です。各支店のスコアを見て、その数値が基準の表のどのスコアの範囲にあるのかを調べ、「A」～「D」の評価を転記して入力しなければなりません。

関数に詳しい読者の方なら、「IF関数を使えばいいじゃん！」と思うことでしょう。確かにIF関数を使えば分類を自動化できますが、実際に数式を書いてみると……IF関数がいくつも入れ子になってしまい、わかりづらく、入力するのもウンザリです。ましてや、判定の種類の数がもっと増えたら……想像するだに恐ろしいではありませんか！

判定・転記ミスも起こりやすい！

このスコアの範囲で評価を
判定すればいいんだな・・・
範囲を調べるのがスゴク大変！

	A	B	C	D	E	F	G
1	支店別調査結果				評価基準		
2							
3	支店名	スコア	評価		スコア	評価	
4	渋谷店	148	B		0	D	
5	新宿店	83	C		80	C	
6	原宿店	105	C		120	B	
7	下北沢店	136	B		160	A	
8	吉祥寺店	184					
9	中野店	76					
10	西荻窪店	152					
11							

スコアと評価の
対応表

えっと、スコアはこれだか
ら、評価は・・・あれっ？
Bであっているのか？

手間がかかる！

判定・転記ミス！

各店舗のスコアが「A」～「D」のどれに
該当するのか、調べるのタイヘンだなぁ

Chapter 01

7 判定もVLOOKUP関数でカンタンにできちゃう

こんなに便利な関数は使わないと損！

前ページで紹介したスコア（数値）の範囲による判定も、VLOOKUP関数を使えば自動化できてしまいます。

VLOOKUP関数は各店舗のスコアの数値から、「A」～「D」のどれに該当するのかを判別し、C列に抽出します。たとえばB7セルのスコア「136」なら、E6セルの「120」からE7セルの「160」の間にあるので、「B」(F6セル）と判定し、C7セルに抽出するといった判定です。

詳しくChapter05で解説しますが、VLOOKUP関数はこんなこともできてしまう頼もしい関数なのです。

VLOOKUP関数なら判定も自動化できる

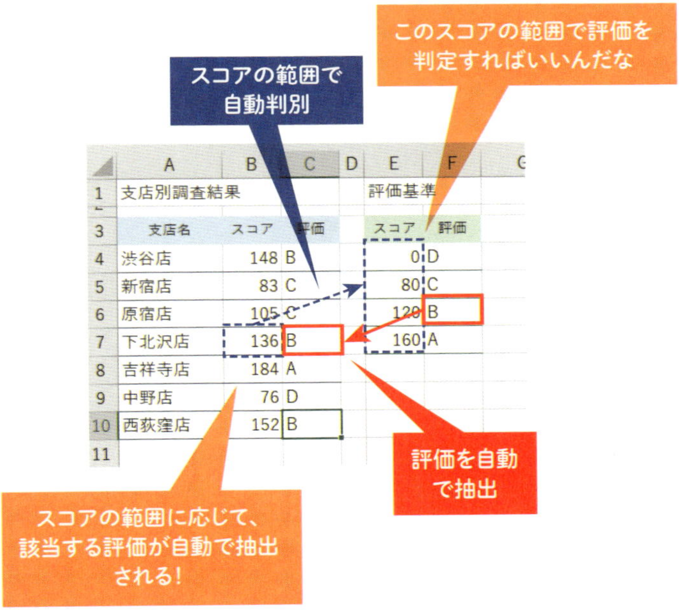

評価を自動

該当する評価が自動で抽出

手間がゼロ！

VLOOKUP関数って
こんなことまでできちゃうんだ!!

Chapter 01

8 関数のキホンをおさらいしよう

VLOOKUP関数を学ぶ前に関数のキホンを確認

次章からVLOOKUP関数の使い方を順に解説していきます。その前にここで、関数そのもののキホンをおさらいしておきましょう。

関数とは、計算や集計をはじめ、あるまとまった処理をする仕組みです。指定したセル範囲の数値の合計を求めるSUM関数をはじめ、多彩な関数が用意されています。

関数を使うには、まずは目的のセルの中に、「=」に続けて、**関数名**を記述します。そして、カッコの中に**引数**（「ひきすう」と読みます）を指定します。すると、そのセルに関数の実行結果が表示されます。たとえば合計値を求めるSUM関数なら、右図の通りです。

関数のキホンがわかっているなら、
次に進んでいいよ

関数の基本は、「＝」と「関数名」と「引数」

SUM関数の書式

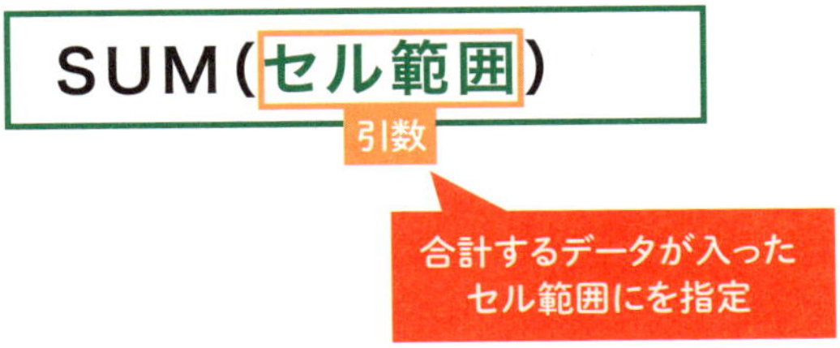

SUM関数の例

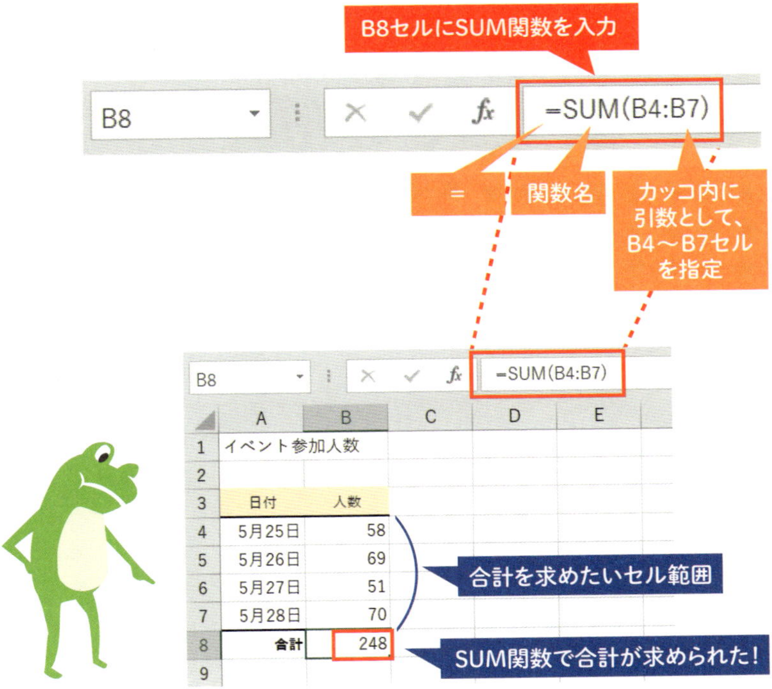

Column

今さら聞けない!?　「行」と「列」って？

VLOOKUP関数に限らず、Excelを使っていると、よく登場する言葉が「行」と「列(れつ)」です。行とは、横方向のセルの集まりです。「列」は縦方向のセルの集まりになります。イメージとしては、行は“横長”、列は“縦長”のセルの集まりと捉えるとよいでしょう。

行の位置を表す仕組みが「行番号」です。先頭（一番上）を1として、下に移動するほど大きい数値になります。列の位置を表す仕組みが「列番号」(列名)です。アルファベットで表し、先頭（一番左）を「A」として、2列目が「B」、3列目が「C」と順に進んでいきます。「Z」まで達すると、「AA」、「AB」、「AC」といったパターンで表されていきます。

「行」と「列」

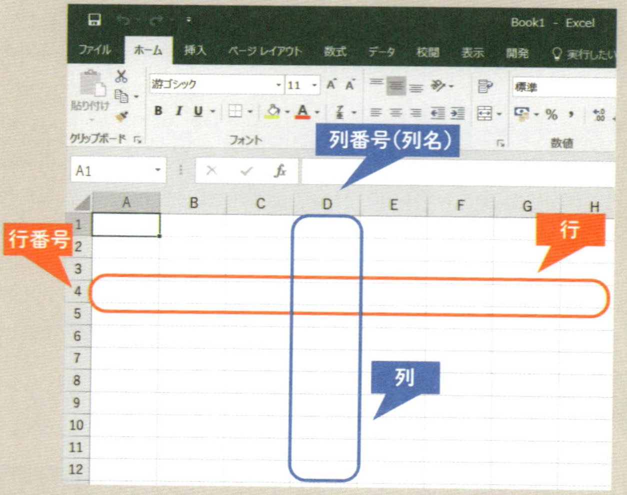

Chapter

02

VLOOKUP関数の基礎の基礎をマスター

Chapter 02

1

VLOOKUP関数ってどんな関数？

別にある表から、データを取り出す関数！

VLOOKUP関数はザックリ言うと、「別にある表からデータを取り出す関数」です。たとえば右ページの図のように、指定した表のセルへ、別の表のセルのデータを取り出せる（抽出できる）関数です。

この説明だけではどんな関数なのか、まだよくわからないかと思いますが、Chapter01で挙げたような“困った”（P14～17）の数々が、すべてまとめてスッキリ解決できてしまう、とても便利な関数なのです。

具体的にどんな機能なのか、どう使えばいいのか、なぜ“困った”を解決できるのか、これから順にジックリと見ていきましょう！

VLOOKUP関数はザックリ言うとこんな関数

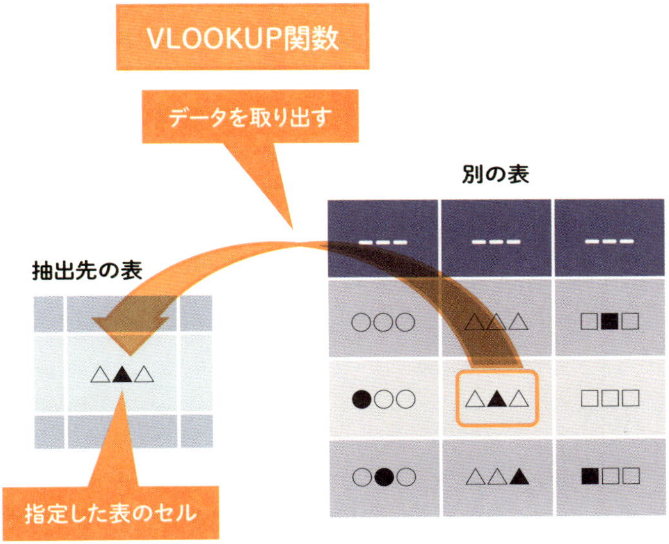

VLOOKUP関数の機能の
ザックリとしたイメージは
こんな感じだよ

Chapter 02

2

VLOOKUP関数の機能は大まかに二段階

大まかに、機能は“検索”と“抽出”

VLOOKUP関数の機能は大まかには、次の二段階に分けられます。

Step 1 検索
Step 2 抽出

Step 1 検索では、「別にある表」――つまり「抽出元の表」のどの行のデータを抽出するのか、検索を行います。2-4節(P36)以降で後ほど改めて詳しく解説しますが、抽出したいデータをいきなり検索するのではなく、そのデータが含まれる行を検索するのがポイントです。

Step 2 抽出では、Step 1 にて抽出元の表で検索した行のなかで、目的のデータを指定して抽出します。指定方法は、こちらも2-4節以降で改めて詳しく解説しますが、列によって指定します。「検索した行の○列目のセル」というイメージです。

VLOOKUP関数は、2-4節以降で各引数の指定方法など細かい書式を学ぶ前に、事前にこの全体像をアタマに入れておくとよいでしょう。

検索（上）と抽出（下）のイメージ

Step 1 検索

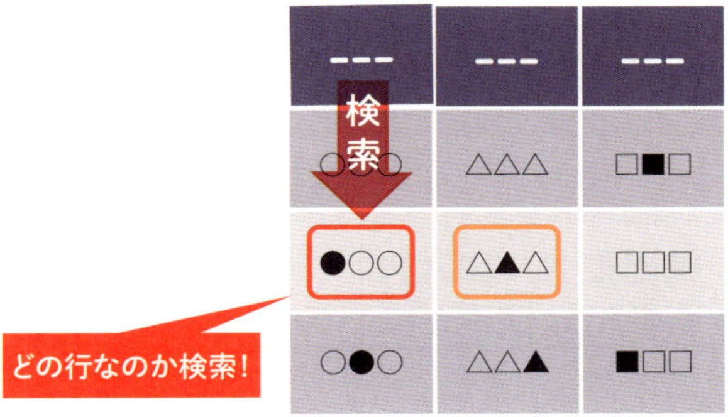

Step 2 抽出

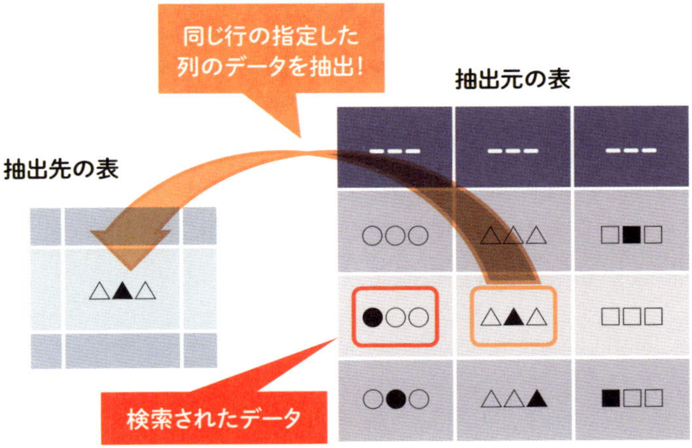

Chapter 02

3

実際はどんな感じで使うの？

抽出先セルに入力。引数には検索と抽出の条件を指定

実際にVLOOKUP関数を使って、抽出元の表から抽出する際、どうような感じで使うのでしょうか？　まずはVLOOKUP関数の入力先のセルですが、こちらは抽出先となるセルになります。抽出元の表が別にあり、その表から抽出したデータを入れたいセルに、VLOOKUP関数を入力するのです。

そして、そのVLOOKUP関数の各引数に、検索する値や、抽出元の表のセル範囲など、どのように検索して、どのように抽出するのかをそれぞれ指定します。具体的に各引数をどう指定すればよいかは、2-4節以降で解説していきます。

「抽出元の表」と「抽出先の表」とVLOOKUP関数の関係

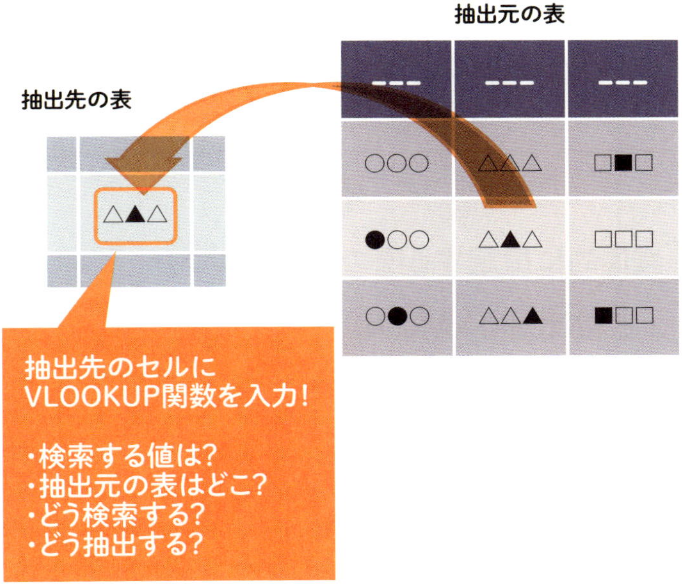

Chapter 02

4

具体的にはどう指定すればいいの？

具体的に指定する際の引数は4つ！

ここで、VLOOKUP関数の書式を右ページのように提示しておきます。引数は全部で4つです。各引数の大まかな役割を2-2節の Step 1 検索と Step 2 抽出で分類すると下記になります。

Step 1 検索

・1つ目の引数「検索値」

・2つ目の引数「範囲」

・4つ目の引数「検索方法」(省略可能)

Step 2 抽出

・3つ目の引数「列番号」

4つの引数の指定方法は2-5節から、1つずつ解説してきます。

VLOOKUP関数の書式

VLOOKUP(検索値, 範囲, 列番号, [検索方法])

- 検索値
  検索する値
- 範囲
  抽出元の表
- 列番号
  抽出する列番号
- 検索方法
  検索の方法。近似一致なら「TRUE」、完全一致なら「FALSE」を指定。省略するとTRUEが指定されたと見なされる

Chapter 02

5

引数「検索値」のポイント

1つ目の引数「検索値」には検索したい値を指定

1つ目の引数は「**検索値**」です。抽出元の表にて検索する際に、どの値を探すのか、キーとなる値を指定することになります。

具体的には、数値もしくは文字列を指定します。数値や文字列を直接記述して指定してもよいですし、目的の数値や文字列が入ったセル番地を指定しても構いません。

1つ目の引数「検索値」はどんな役割？

VLOOKUP(検索値, 範囲, 列番号, [検索方法])

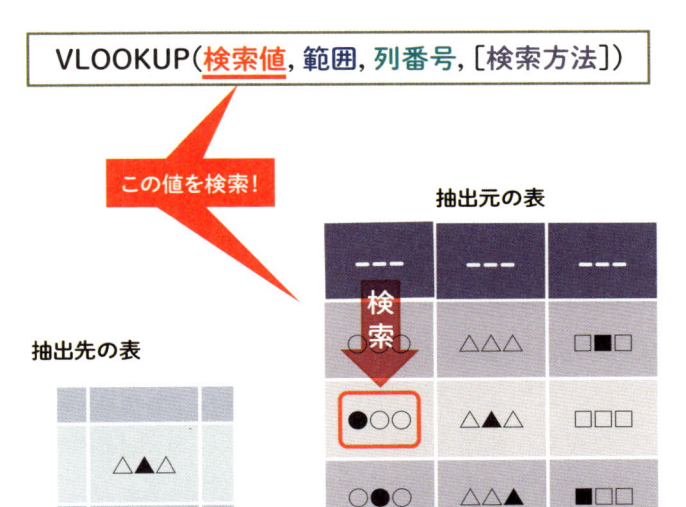

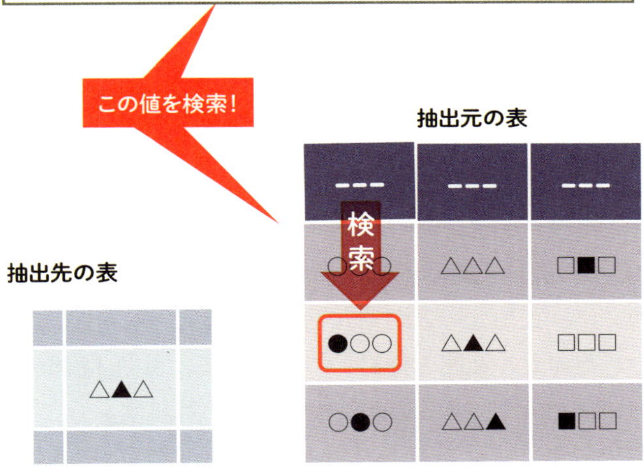

検索したい値を指定すれば
いいんだね
検索値「●○○」

Chapter 02

6 引数「範囲」のポイント

2つ目の引数「範囲」には抽出元の表を指定

2つ目の引数は「**範囲**」です。抽出元の表の場所を指定します。具体的には、抽出元の表のセル範囲を指定することになります。すると、そのセル範囲を抽出元の表として、引数「検索値」と同じデータがどの行にあるのか、検索が行われます。

ここでおさえていただきたポイントは、**検索の対象は抽出元の表の一番左の列**ということです。言い換えると、引数「範囲」に指定したセル範囲の1列目で、必ず検索が行われるようになっています。2列目以降で検索が行われることはありません。そのため、抽出元の表のセル範囲は、検索したいデータが入った列が1列目になるよう指定する必要があります。

2つ目の引数「範囲」はどう指定しないといけない？

VLOOKUP(検索値, 範囲, 列番号, [検索方法])

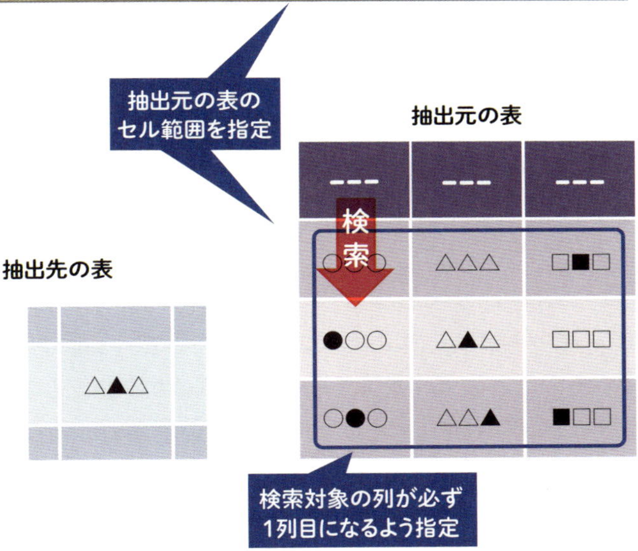

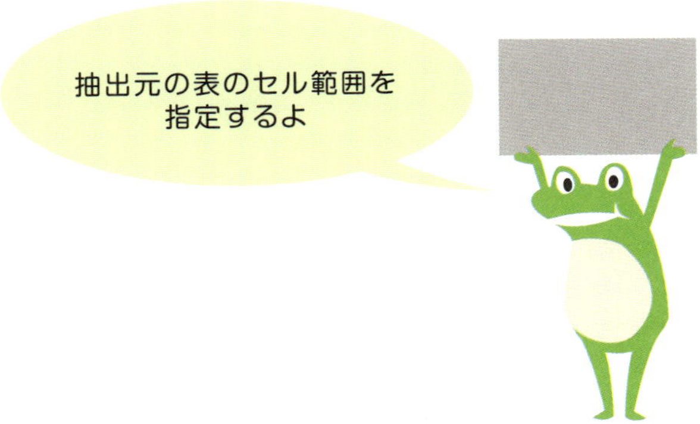

Chapter 02

7 引数「検索方法」のポイント

4つ目の引数「検索方法」で、どう検索するか決める

3つ目の引数の前に、4つ目の引数「**検索方法**」を解説します。1つ目の引数「検索値」によって、2つ目の引数「範囲」の1列目を検索する際、どのような方法で検索するのかを指定します。

具体的には「**TRUE**」または「**FALSE**」のいずれかを指定します。対応する検索方法は右ページの図です。

引数「検索方法」にTRUEを指定した場合の「**近似一致**」による検索は少々難しいので、Chapter05以降で改めてジックリと解説します。ひとまずは「FALSEを指定し、**完全一致**で検索を行う」とおぼえておけばよいでしょう。

検索方法のFALSE（完全一致）とTRUE（近似一致）の違いは？

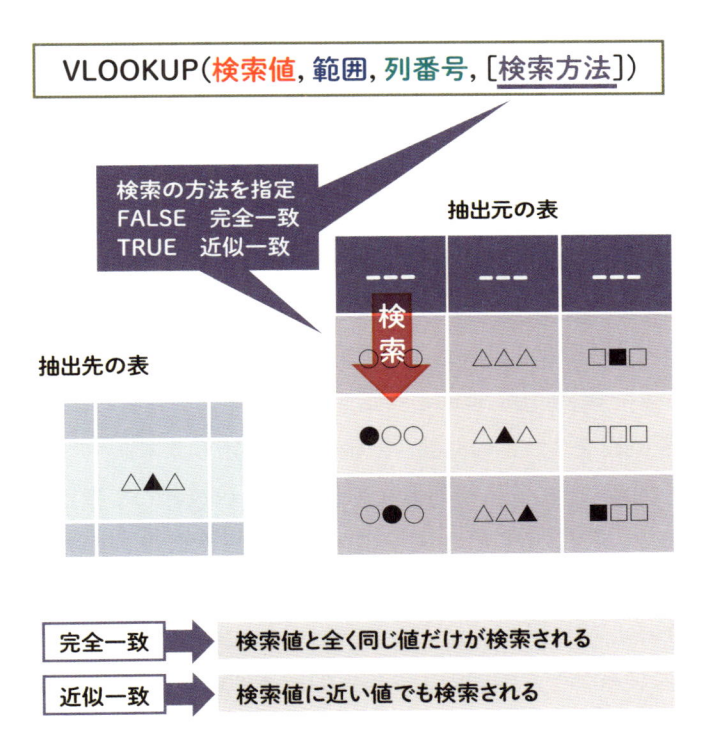

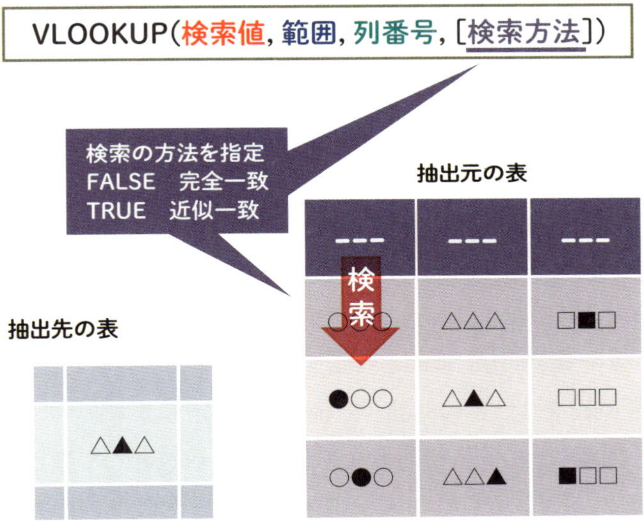

完全一致	検索値と全く同じ値だけが検索される
近似一致	検索値に近い値でも検索される

Column

TRUEとFALSEって？

TRUEとFALSEは条件式の判断などに用いる特別な値です。専門用語で前者は「真」、後者は「偽」という意味になりますが、「真」はYes、「偽」はNoぐらいの曖昧な理解でも構いません。

Chapter 02

8 引数「列番号」のポイント

3つ目の引数「列番号」

2-5節～2-7節で1、2、4つ目の引数を解説しました。これら3つの引数で Step 1 検索を指定することになります。そして、Step2 抽出を3つ目の引数「列番号」で指定します。

引数「列番号」には、何列目なのか、列を数値として指定します。すると、Step 1 検索で検索された抽出元の表の行のなかで、この引数「列番号」に指定した列のセルが抽出されることになります。

たとえば右ページの図のように、引数「列番号」に2を指定すると、抽出元の表の2列目のセルが抽出されます。

3つ目の引数「列番号」で抽出するセルを決定！

VLOOKUP(検索値, 範囲, 列番号, [検索方法])

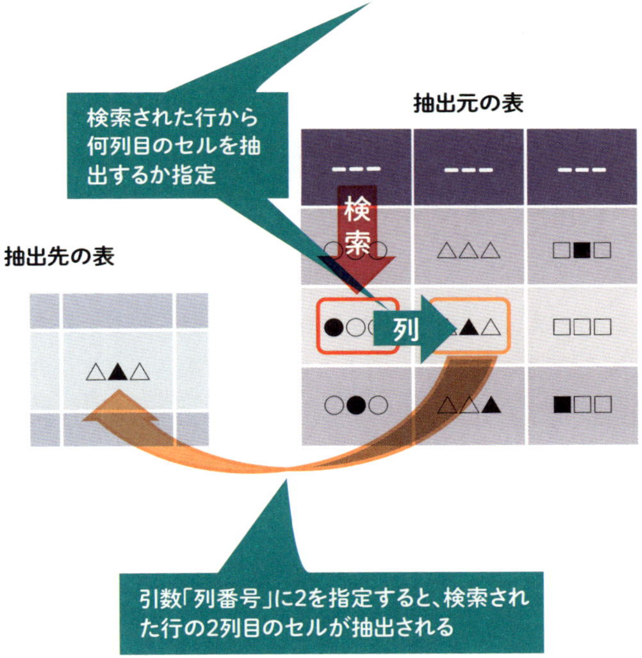

抽出元の表のセル範囲の何列目を
抽出したいかを数値で指定してね

Chapter 02

9

4つの引数を改めて整理

4つの引数と「抽出元の表」と「抽出先の表」との関係

2-5節～2-8節で、VLOOKUP関数の4つの引数を解説しました。ここで一度、4つの引数を整理しておきましょう。各引数の役割と関係は右ページの図のようになります。

各引数に指定した内容に沿って、どのような流れで Step 1 検索から Step 2 抽出まで行われるのか、おさらいしておきましょう。

4つの引数で、こんなふうにデータを抽出する！

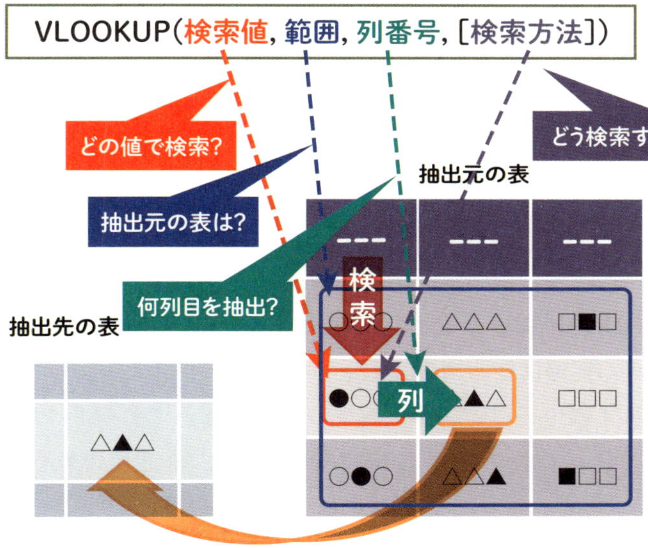

この図がもしよくわからなかったら、
このあと実際に体験するから、
その例で整理してね

Chapter 02

10

VLOOKUP関数を体験しよう！

抽出元の表と抽出先の表を確認しよう！

VLOOKUP関数の4つの引数の指定方法を学んだところで、さっそく実際に使ってみましょう。

今回は右ページの図の例を使うとします。これは1-1節～1-4節で紹介したものと同じ例になります。抽出元の表がワークシート「商品一覧」のA3～C7セルです。以降、「商品一覧の表」と表記します。抽出先の表はワークシート「売上」のA3～F3セル以降です。以降、「売上の表」と表記します。

売上の表のなかで、C列「商品名」とD列「単価」について、B列「商品コード」を元に、商品一覧の表からデータを抽出していきます。

ここでは、売上の表のC列「商品名」の見出し行を除いた最初の行であるC4セルにて、VLOOKUP関数を使うとします。B列「商品コード」の同じ行であるB4セルに入力されている商品コードに該当する商品名を、商品一覧の表から検索して、C4セルに抽出したいとします。

商品一覧の表から商品名を抽出したい

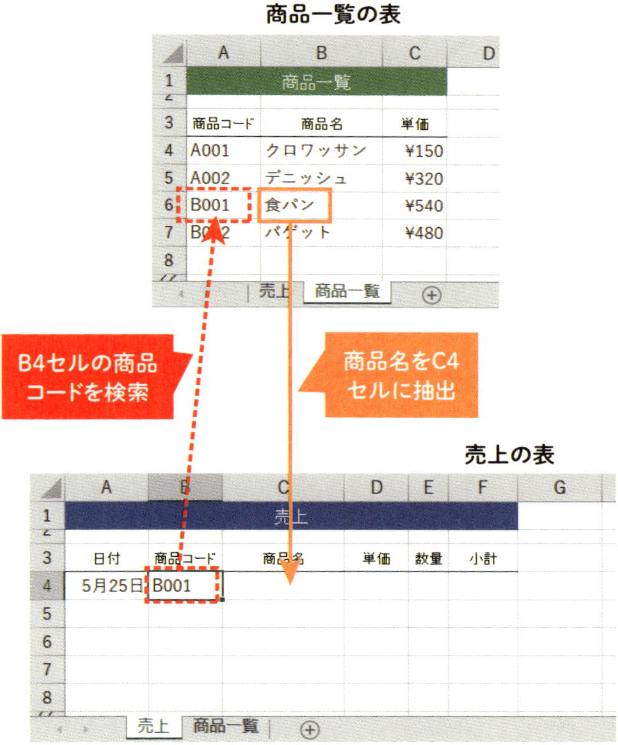

Chapter 02

11 引数「検索値」はどう指定すればいい?

関数の入力先と、引数「検索値」の入力は?

最初に、VLOOKUP関数の入力先ですが、今回は目的の商品名を、売上の表のC列「商品名」の最初の行であるC4セルに抽出したいのでした。よって、VLOOKUP関数の入力先は売上の表のC4セルになります。「=」に続けて、VLOOKUP関数を記述していきます。

では、4つの引数をどう指定すればよいか、順に見ていきましょう。まずは1つ目の引数「検索値」です。

今回は売上の表のB4セルに入力された商品コードに該当する商品名を抽出したいのでした。したがって、引数「検索値」には、B4セルのセル番地である「B4」を指定すればよいことになります。

```
B4
```

目的の商品コードが入ったセルを指定

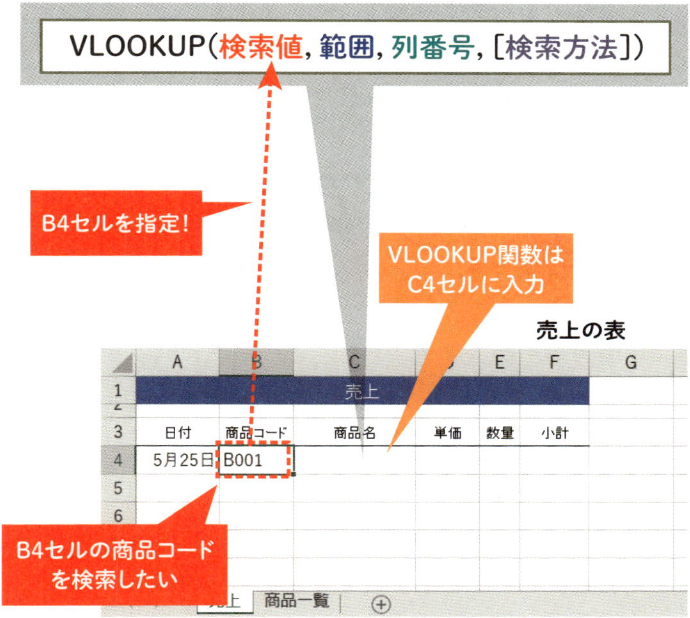

B4セルの商品コードで検索したいから、
B4セルを指定すればいいんだね

Chapter 02

12

引数「範囲」はどう指定すればいい?

↓

抽出元の表のセル範囲を指定!

次は2つ目の引数「範囲」です。この引数には、抽出元の表のセル範囲を指定すればよいのでした。したがって、商品一覧の表のセル範囲を指定すればよいことになります。

商品一覧の表のセル範囲は具体的には、ワークシート「商品一覧」のA3～C7セルでした。ただし、1行目は見出しになります。よって、1行目を除いたA4～C7セルを指定します。ワークシート「商品一覧」にあるので、アタマに「商品一覧!」を付けます。

```
商品一覧!A4:C7
```

これで、検索が行われるのは、商品一覧の表として指定したワークシート「商品一覧」のA4～C7セルの1列目——A列「商品コード」のA4～A7セルになります。

商品一覧の表のセル範囲を指定

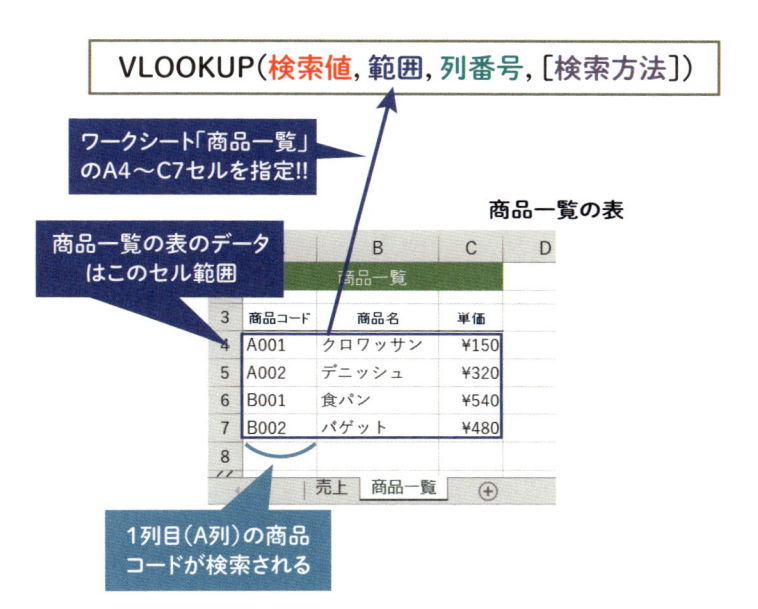

VLOOKUP(検索値, 範囲, 列番号, [検索方法])

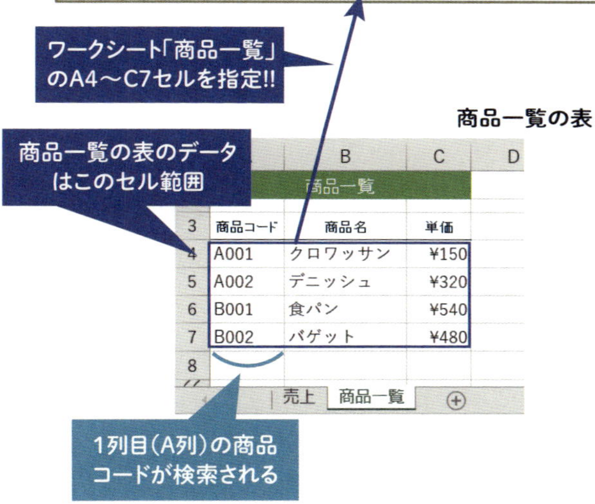

Column

別のワークシートのセルを指定するには

数式を入力するワークシートとは異なるワークシートのセルを参照する際、セル番地の前に「シート名!」を付けます。

Chapter 02

13 引数「検索方法」はどう指定すればいい？

完全一致と近似一致があるけど、どっちで指定する？

4つ目の引数「検索方法」ですが、今回は売上のB4セルの商品コードが、商品一覧の表のどの行にあるのか検索したいことになります。検索が行われるのは、商品一覧の表の1列目（A4セル～C7セル）でした。商品コードは「B001」といった文字列であり、この文字列があるかどうか検索したいので、この場合は完全一致で検索します。よって、引数「検索方法」にはFALSEを指定します。

```
FALSE
```

完全一致（FALSE）で指定する！

VLOOKUP(検索値, 範囲, 列番号, [検索方法])

FALSEを指定!!

商品一覧の表

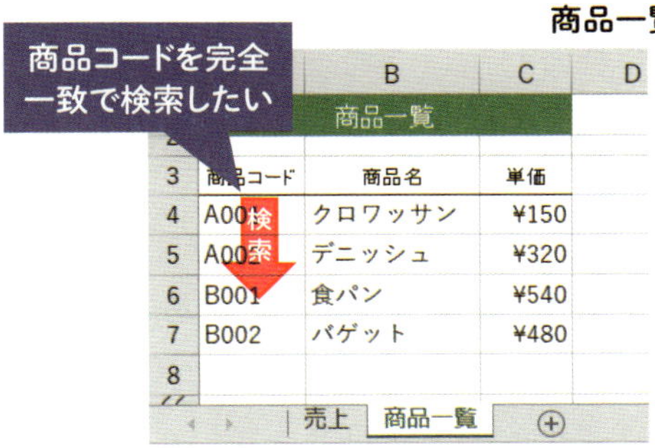
商品コードを完全
一致で検索したい
B
C
D
商品一覧
3 商品コード 商品名 単価
4 A001 クロワッサン ¥150
5 A002 デニッシュ ¥320
6 B001 食パン ¥540
7 B002 バゲット ¥480
8
検索
売上
商品一覧

とりえずは「FALSEを指定すればOK!」って
おぼえておけばいいよ

Chapter 02

14 引数「列番号」はどう指定すればいい？

抽出したいデータがあるのは範囲の何列目かを指定する！

ここまでで Step 1 検索に必要な1、2、4つ目の引数について、どう指定すればよいかわかりました。あとは Step 2 抽出に必要な３つ目の引数「列番号」さえ指定すればOKです。

抽出元の表（ワークシート「商品一覧」のA4～C7セル）で、目的のデータである商品名は2列目（B列）に位置しています。従って引数「列番号」には、数値の２を指定すればよいことになります。

2

これで４つの引数すべてが、どう指定すればよいかがわかりました。これまでの結果をまとめると次のようになります。このVLOOKUP関数の数式を、売上の表のC4セルに入力すれば、目的の抽出が行えるようになります。

```
=VLOOKUP(B4,商品一覧!A4:C7,2,FALSE)
```

列番号は「2」を指定する

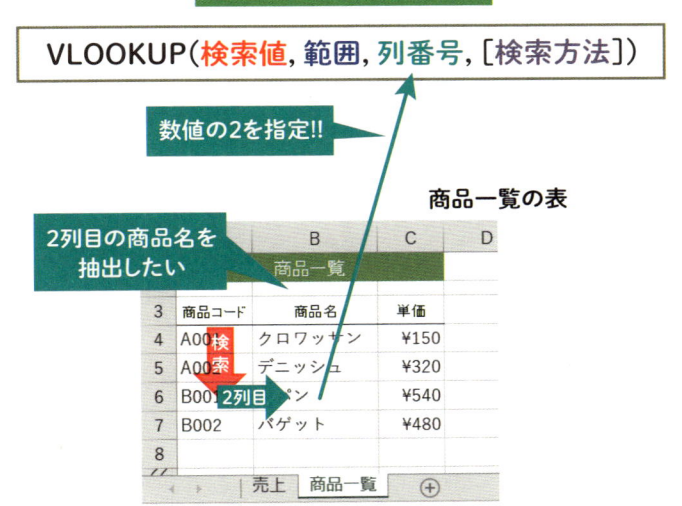

VLOOKUP(検索値, 範囲, 列番号, [検索方法])

商品一覧の表

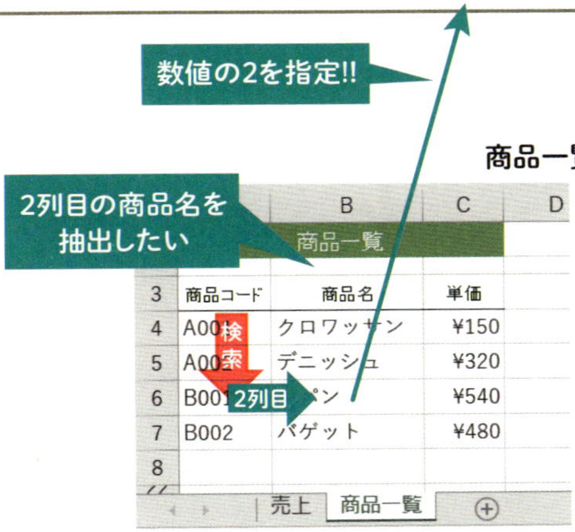

Chapter 02

15 実際に使ってみよう

VLOOKUP関数をセルに入力してみよう

それでは、前節までに考えたVLOOKUP関数の数式を売上の表のC4セルへ実際に入力してみましょう。

```
=VLOOKUP(B4,商品一覧!A4:C7,2,FALSE)
```

目的の数式をC4セルにすべてタイピングして直接入力してもよいのですが、ここでは「関数の挿入」ダイアログボックスから入力する方法を用いるとします。この方法は少々手間は増えるものの、各引数の指定方法が表示されるなど、わかりやすく入力できるので初心者向けです。

まずは入力先であるワークシート「売上」のC4セル（❶）を選択し、数式バーの左隣にある［関数の挿入］ボタン（❷）をクリックします。

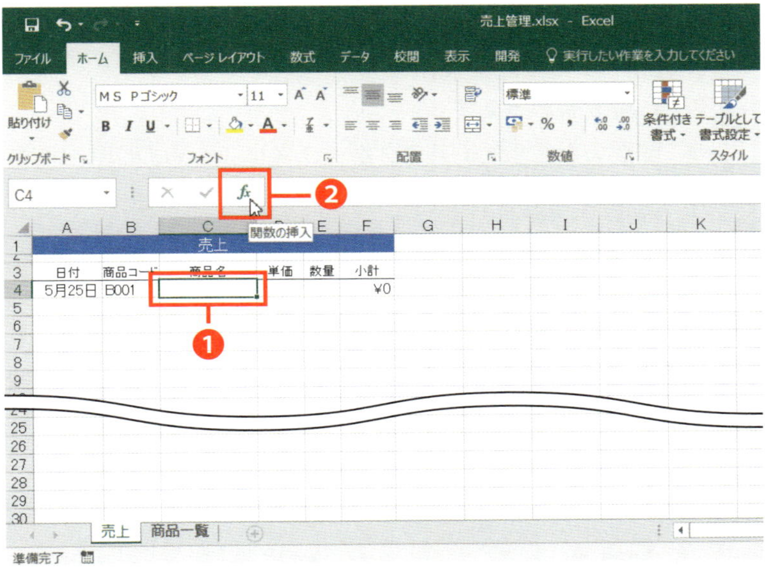

「関数の挿入」ダイアログボックスが表示されます。「関数の分類」から［検索/行列］(❸)を選び、「関数名」の一覧から［VLOOKUP］(❹)を選んだら［OK］をクリックします。

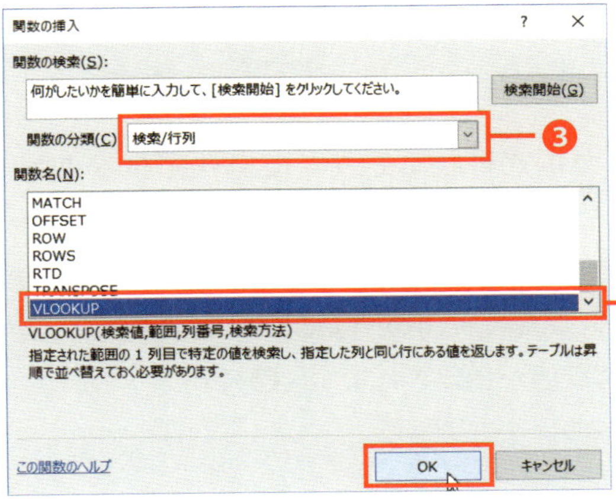

すると、C4セルに「＝」とVLOOKUP関数の関数名、およびカッコまでが入力されます。同時に「関数の引数」ダイアログボックスに切り替わります。

この「関数の引数」ダイアログボックスにて、VLOOKUP関数の各引数を指定していきます。1つ目の引数「検索値」のボックスに、「B4」(❺)を直接入力して指定します。

次は2つ目の引数「範囲」を指定しましょう。目的のセル範囲である「A4:C7」をボックスに直接入力してもよいのですが、ドラッグ操作で指定することも可能です。引数のボックスの右隣にある  (❻)をクリックしてください。

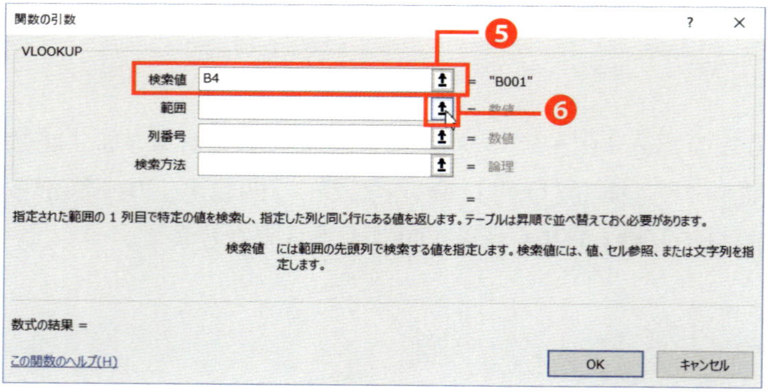

すると、ドラッグで指定可能なモードに切り替わるので、ワークシート「商品一覧」に切り替え、A4～C7セルをドラッグしてください。ドラッグすると、ボックスにそのセル範囲が入力され(❼)、かつ、数式バー内のVLOOKUP関数の第2引数「範囲」にも、そのセル範囲が指定されます(❽)。

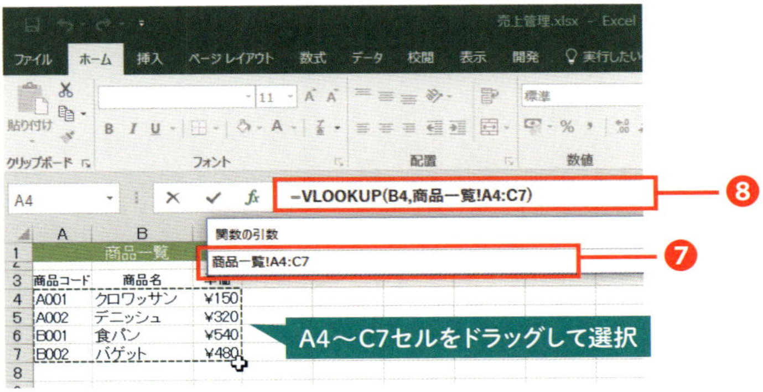

指定し終わったら、ボックスの右隣にある をクリックすれば、元の「関数の引数」ダイアログボックスの状態に戻ります。

なお、1つ目の引数「検索値」のように単一セルを指定する引数も、クリックによって目的のセルを指定することができます。

残りの3つ目の引数「列番号」に2、4つ目の引数「検索方法」にFALSEを入力して指定します（❾）。これですべての引数を指定できました。最後に［OK］（❿）をクリックして、「関数の引数」ダイアログボックスが閉じてください。

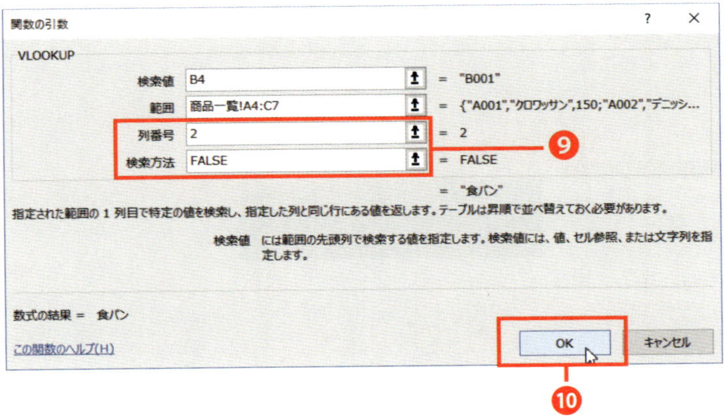

これでC4セルに目的のVLOOKUP関数の数式を入力できました。C4セルにはVLOOKUP関数の実行結果として、「食パン」が表示されます。

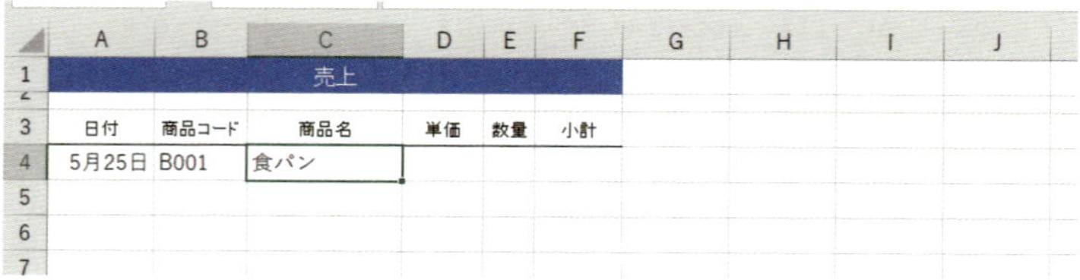

Column

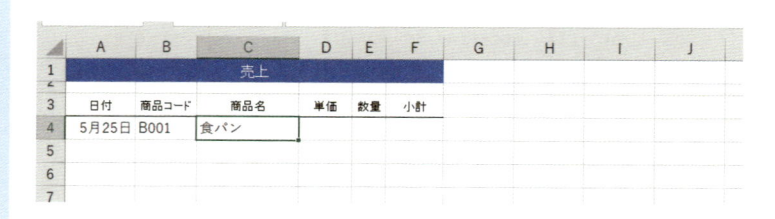

直接入力する方法でもドラッグ操作できる

「関数の挿入」ダイアログボックスではなく、数式バーに目的のVLOOKUP関数の数式を直接入力する方法でも、引数の指定はドラッグ操作も可能です。

たとえば2つ目の引数「範囲」なら、1つ目の引数「検索値」および「,」(カンマ)まで数式バーに入力したら、ワークシート「商品一覧」に切り替え、A4～C7セルをドラッグすれば、そのセル範囲が引数「範囲」に自動で入力されます。

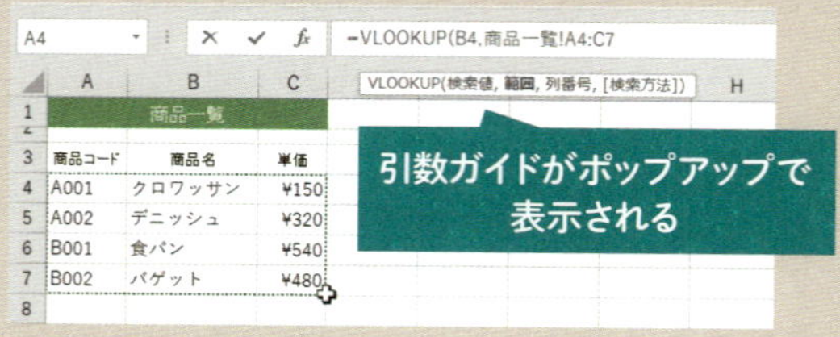

第１引数「検索値」も、クリックで目的のセルを指定できます。

また、第４引数「検索方法」は、［TRUE］と［FALSE］のポップアップメニューが表示されるので、選んで入力することもできます。

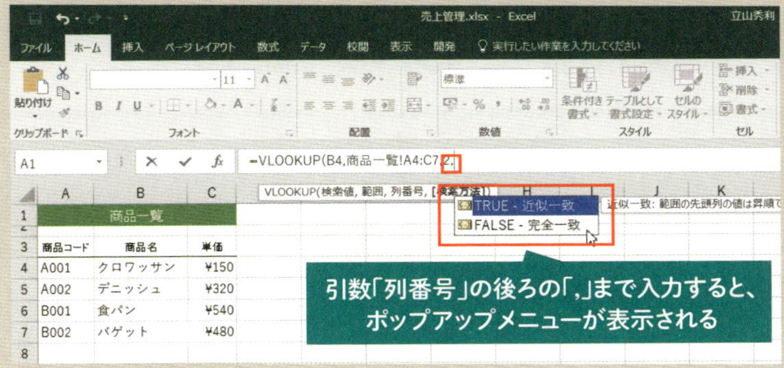

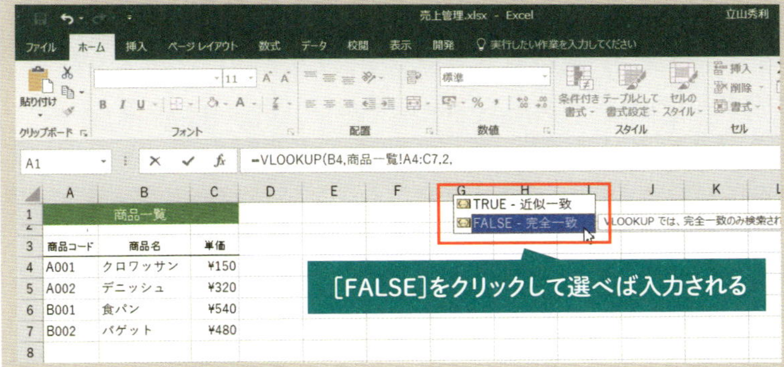

Chapter 02

16

例の実行結果と引数の関係を改めて整理

抽出元の表からどのように抽出されたのか確認しよう！

2-15節で実際にVLOOKUP関数を売上の表のC4セルに入力して使ってみた結果、「食パン」という商品名が抽出されました。

この商品名「食パン」のデータは、引数「範囲」に指定した商品一覧の表のセル範囲（見出し行をのぞいたA4～C7セル）において、3行目の2列目に位置するB6セルになります。商品一覧の表のB6セルがどのように検索され、抽出されたか、右ページの図に改めて整理しておきました。各引数の関係と処理の流れを確認しつつ、VLOOKUP関数への理解を深めましょう。

商品名「食パン」がVLOOKUP関数で抽出される流れ

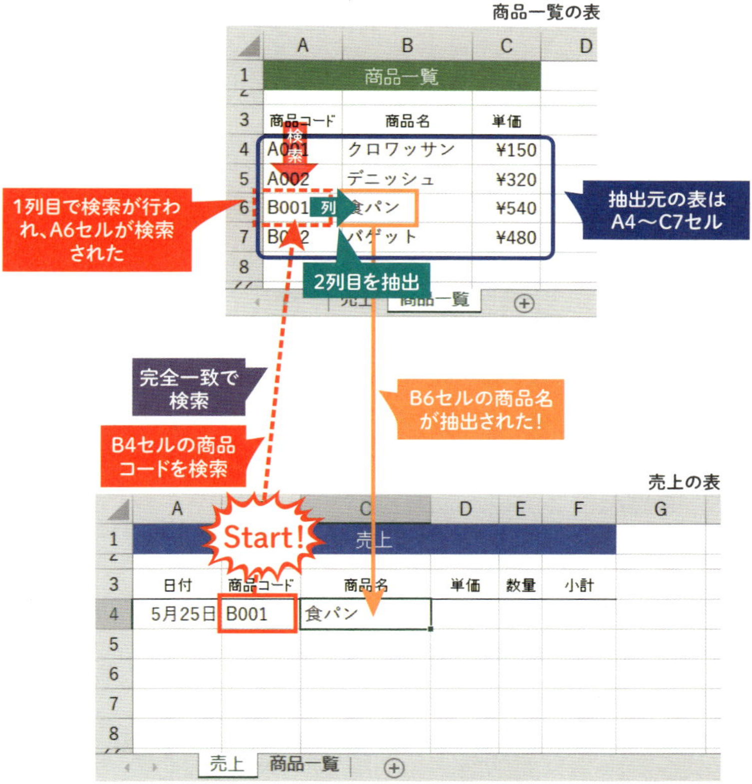

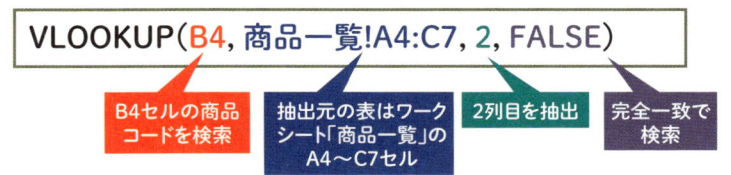

C4セルに入力したVLOOKUP関数の数式

VLOOKUP(B4, 商品一覧!A4:C7, 2, FALSE)

B4セルの商品コードを検索

抽出元の表はワークシート「商品一覧」のA4～C7セル

2列目を抽出

完全一致で検索

＼Column／

関数を全角や小文字で入力してもいいの？

本書ではここまで、VLOOKUP関数をセルに入力する際、関数名やセル番地のアルファベットはすべて、半角の大文字で入力してきました。また、数値や「=」、「()」、「,」、「!」、「FALSE」などもすべて半角で入力してきました。これらは全角・小文字で入力してもよいのでしょうか？

結論から言えば、問題ありません。厳密には、すべて半角・大文字で入力しなければならないのですが、全角・小文字で入力しても、自動で修正してくれるので、結果的に問題ないことになります。

たとえば、次の画面のように、VLOOKUP関数をすべて全角・小文字で数式バーに入力するとします。引数を区切る「,」(カンマ)は、日本語の読点「、」(全角)とします。

VLOOKUP関数をすべて全角・小文字で数式バーに入力

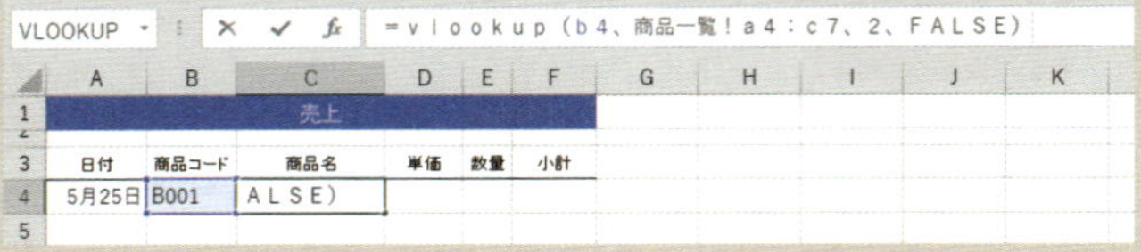

一通り入力したあと、Enterキーを押して確定すると、すべて半角・大文字に自動修正されます。全角の「、」(読点)も半角の「,」(カンマ)に自動修正されます。

確定すると、すべて半角・大文字に自動修正される

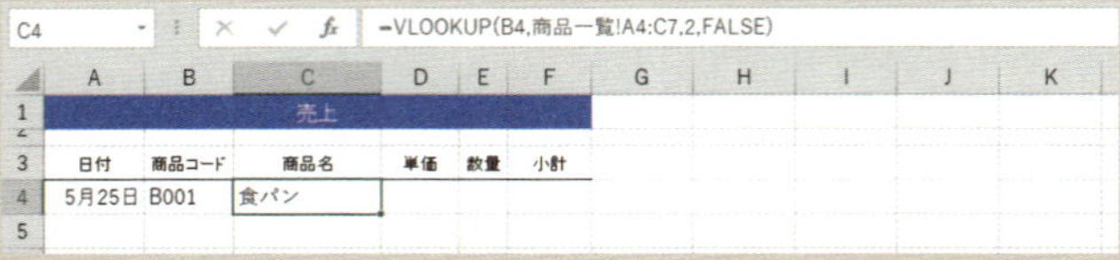

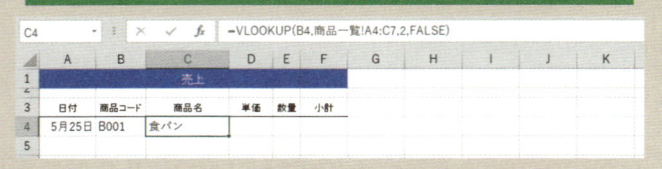

このように親切な自動修正機能があるため、全角/半角、大文字/小文字は気にせず入力できます。

Chapter

03

VLOOKUP関数は ここに注意！

Chapter 03

1

VLOOKUP関数が使えない表がある！？

VLOOKUP関数についての注意点

前章で体験していただいた通り、大変便利なVLOOKUP関数ですが、いくつか注意点があります。まず、抽出元の表の構成などによっては、使えないケースがあることです。

引数「範囲」のところでも触れましたが、**検索は抽出元の表の1列目で必ず行われます**。これは言い換えると、検索対象の値が抽出元の表の1列目にないと、意図通り検索ができないということです。

たとえば本書の例で商品コードで検索したい場合、右ページの図のように列「商品コード」が抽出元の表の1列目になければ、検索できません。このようなケースの具体的な対処方法は、6-7節（P182）と6-8節（P188）で詳しく解説します。

なお、右ページの図の表では、単価なら引数「範囲」にB4～C7セルを指定すれば、商品コードで検索して抽出できますが、商品名は抽出できません。その詳しい理由も含め、対処方法を6-7節と6-8節で改めて解説します。

このままだと「商品名」の列で検索されてしまう！

もし引数「範囲」に指定した商品一覧の表の1列目が商品名なら…
A
B
C
1
商品一覧
3
商品名
商品コード
単価
4
クロワッサン
A001
¥150
5
デニッシュ
A002
¥320
6
食パン
B001
¥540
7
バゲット
B002
¥480
検索
商品名の列で検索されてしまう
商品コードの列では検索されない

検索したい値が1列目にないとダメなんだね

Chapter 03

2

検索に使う値は、重複はダメ！

重複やセル内の値に問題がないかチェック！

たとえ検索対象の値が抽出元の表の1列目にあっても、値が重複していると、うまく検索できません。たとえば右ページの図では、商品コード「A001」が重複しています。この場合、上の方の行にある値が先に検索されるので、以降にある値はいつまでたっても検索されないことになってしまいます。

他にも —

- 同じ商品の値が同じ行にない
- 1つのセルに複数の値が入っている

— などのケースでは、VLOOKUP関数での抽出は正しく行えません。

抽出元の表は適切に用意するよう注意しましょう。

商品コードが重複しているので、2つ目以降のデータは検索されない！

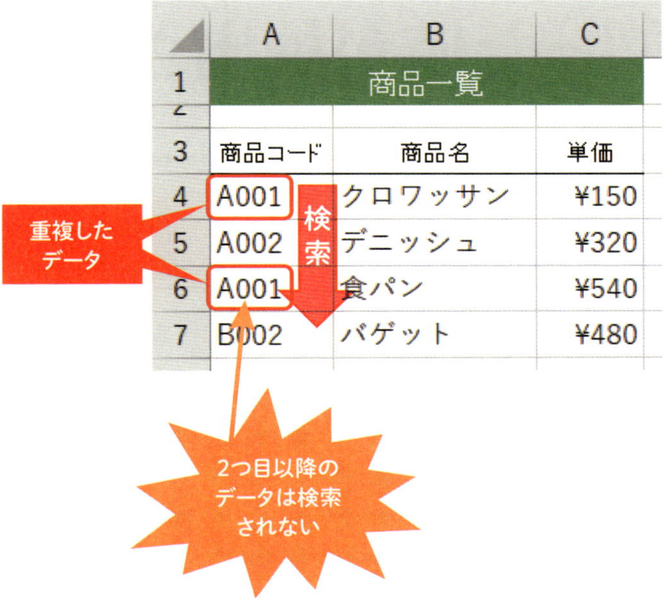
A
B
C
1
商品一覧
3
商品コード
商品名
単価
4
A001
クロワッサン
¥150
5
A002
デニッシュ
¥320
6
A001
食パン
¥540
7
B002
バゲット
¥480
重複したデータ
検索
2つ目以降のデータは検索されない

検索したい値が重複していてもダメだよ

Chapter 03

3

誤った値が抽出された

各引数をチェックしよう！

抽出元の表が適切に用意されているのに、意図したのとは違う値がVLOOKUP関数で抽出されてしまうことがあります。その場合、各引数に指定している内容を見直しましょう。主に以下をチェックします。

・引数「検索値」をチェック！

☑目的の検索値が正しく指定されているか？

☑目的の検索値が入力されたセル番地が正しく指定されているか？

・引数「範囲」をチェック！

☑抽出元の表のセル番地が正しく指定されているか？

・引数「列番号」をチェック！

☑抽出元の表で目的のデータが入っている列番号が正しく指定されているか？

・引数「検索方法」をチェック！

☑FALSEが指定されているか？

引数「列番号」が誤っている場合はこうなる！

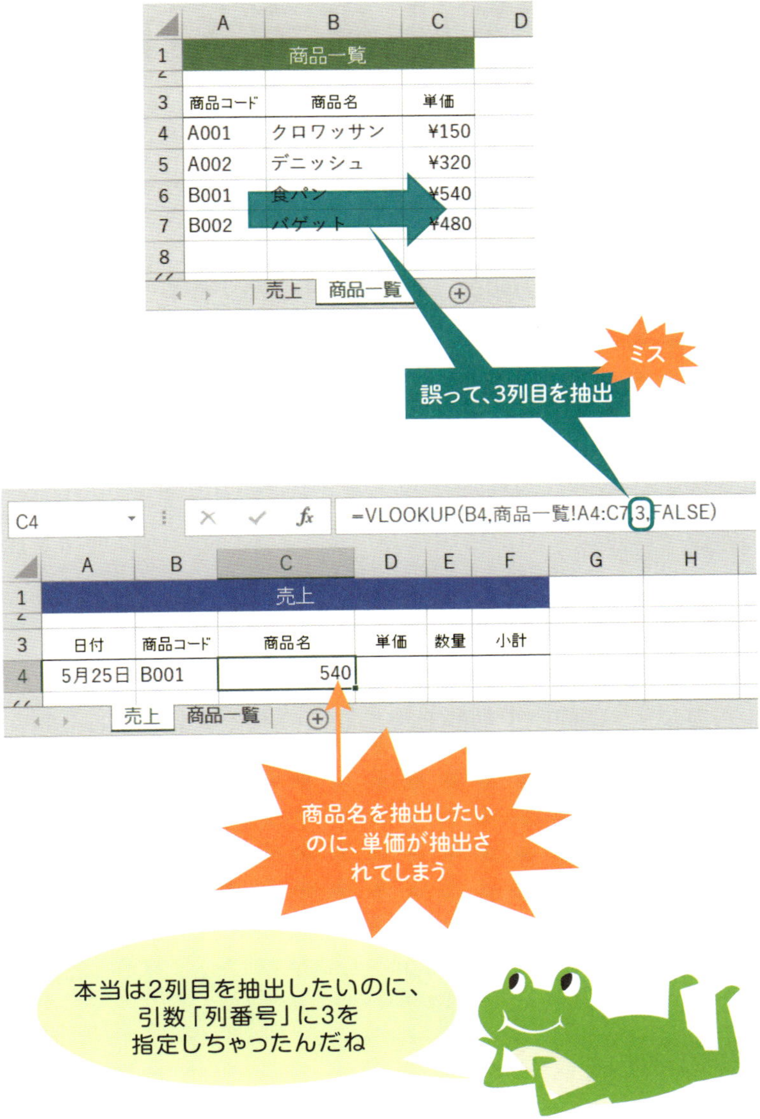

商品一覧
商品コード　商品名　単価
A001　クロワッサン　¥150
A002　デニッシュ　¥320
B001　食パン　¥540
B002　バゲット　¥480
売上　商品一覧
ミス
誤って、3列目を抽出
C4
=VLOOKUP(B4,商品一覧!A4:C7,3,FALSE)
売上
日付　商品コード　商品名　単価　数量　小計
5月25日　B001　540
売上　商品一覧
商品名を抽出したいのに、単価が抽出されてしまう
本当は2列目を抽出したいのに、引数「列番号」に3を指定しちゃったんだね

Chapter 03

4

「#NAME」と表示された！ どうすればいい？

指定した名前の関数、セル番地や値などが見つからない！

VLOOKUP関数を入力したのに、何かしらの値が抽出されるのではなく、「# ～」とセルに表示されることがあります。この「#」で始まる語句はエラーの表示です。何らかの理由で抽出が正しく行えず、エラーが発生していることになります。

エラーにはいくつか種類があります。本節から3-7節にかけて、主なエラーの意味と対処方法を解説します。

まずは「**#NAME**」のエラーです。指定した名前の関数やセル番地や値などが見つからない、という意味のエラーになります。

入力したVLOOKUP関数を主に以下の点でチェックし、適宜修正してください。

- ☑ 関数名「VLOOKUP」の綴りが誤っていないか？
- ☑ 引数「検索方法」に指定しているFALSEやTRUEの綴りが誤っていないか？
- ☑ セル番地やセル範囲の形式は正しいか？　たとえばセル範囲なら「:」が抜けていないか等
- ☑ 別シートのセルを参照しているなら、シート名は正しいか、「!」が抜けていないか等

検索方法を指定するFALSEの綴りが間違っていてもダメ！

Chapter 03

5 「#N/A」と表示された！どうすればいい？

値が不適切！

「#N/A」は参照や検索をした値が見つからないという意味のエラーです。VLOOKUP関数でこのエラーになるのは主に、引数「検索値」が抽出元の表の1列目で見つからないケースです。以下をチェックして修正しましょう。

- ☑ 引数「検索値」には、目的の値またはセル番地が正しく指定されているか？
- ☑ 引数「範囲」には、抽出元の表のセル範囲を正しく指定されているか？

特に引数「範囲」は注意が必要です。行も列もともに正しいかチェックしましょう。正しくない例は以下です。抽出元の表が別のシートにあるなら、シート名も正しいか、あわせてチェックしてください。

・行が正しくない例

抽出元の表のセル範囲よりも短い行数をうっかり指定してしまい、検索されるべき値がその行より下にあると、検索対象から漏れてしまい、検索されません。

・列が正しくない例

抽出元の表のセル範囲の1列目から始まる範囲を指定していないと、1列目以外で検索が行われてしまい、検索されません。

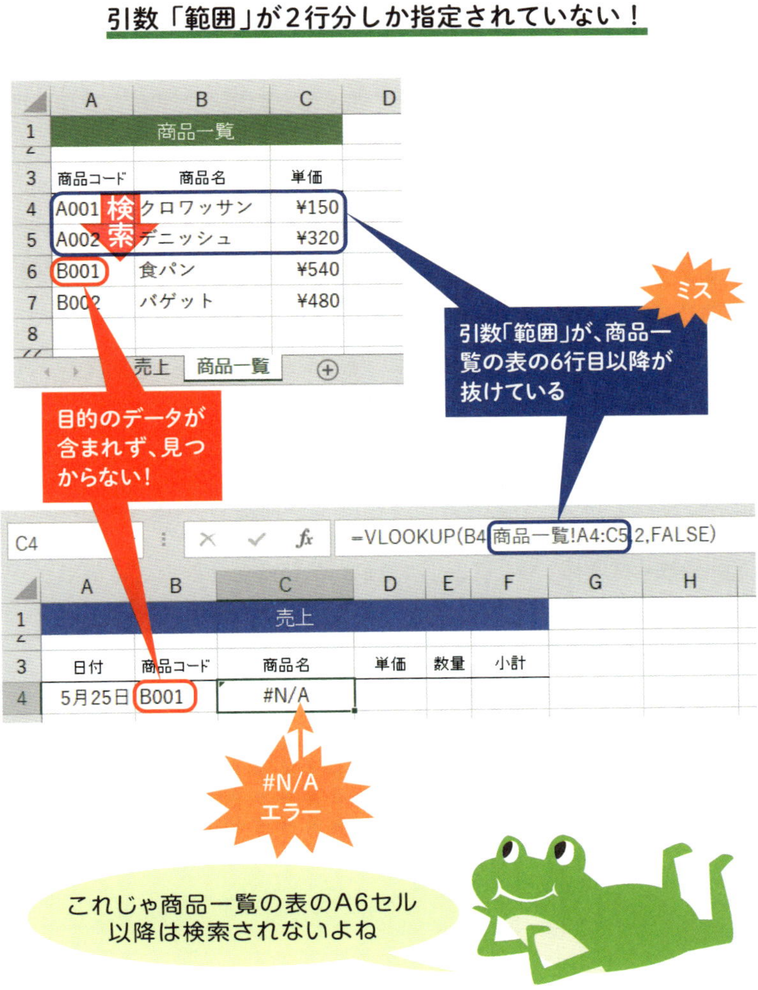

Chapter 03

6

「#REF!」と表示された！どうしたらいい？

抽出する列が表の外にはみ出ている？

「#REF!」はセルの参照が正しくないという意味のエラーです。VLOOKUP関数でこのエラーになるのは主に、抽出元の表にて抽出する値が見つからないケースです。以下をチェックして修正しましょう。

- ☑ 引数「列番号」は正しいか？　抽出元の表の外にあたる列を指定していないか等
- ☑ 引数「検索値」や「範囲」に指定しているセルが丸ごと削除されていないか？　行や列、ワークシートごと削除した場合も含む

たとえば右のページの図のように、抽出元の表はA4～C7セルを指定し、幅は3列しかないのに、引数「列番号」に4を指定してしまうと、誤った表の外を抽出しようとして、#REF!エラーになります。

引数「列番号」で抽出元の表の外を指定してしまった！

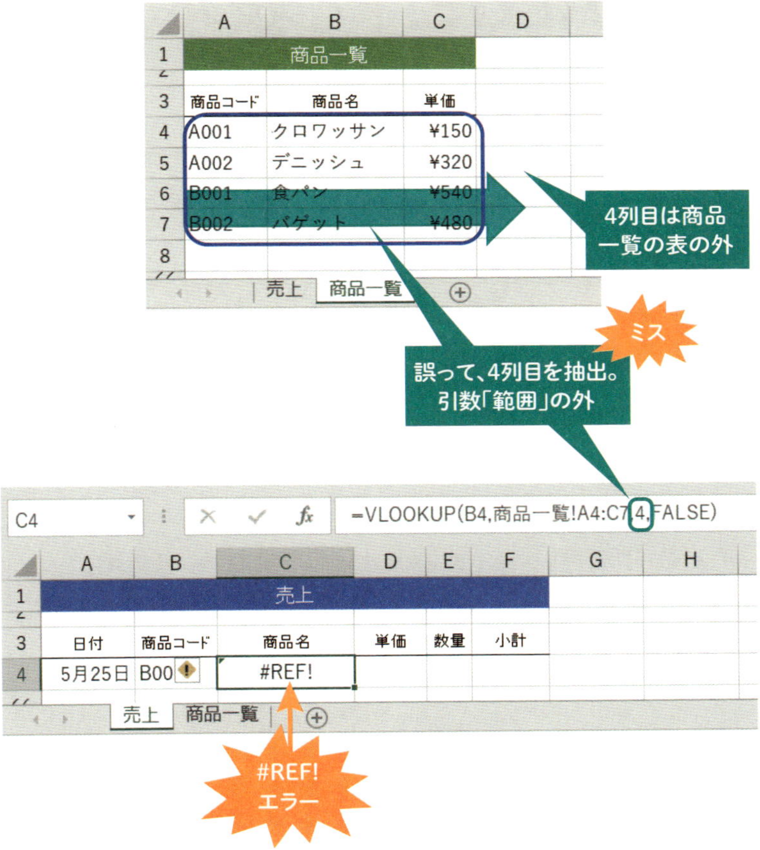

引数「範囲」に指定したセル範囲の外から
抽出しようとしちゃったんだね

Chapter 03

7

「#VALUE!」と表示されたら

引数「列番号」が不適切！

「#VALUE!」は数式や参照先のセルの値などに問題があるという意味のエラーです。VLOOKUP関数でこのエラーになるのは主に、引数「列番号」が不適切なケースです。以下をチェックして修正しましょう。

- ☑ 引数「列番号」にマイナスの数値が指定されていないか？
- ☑ 引数「列番号」に数値ではなく、文字列など数値以外が指定されていないか？　含む

たとえば右のページの図のように、引数「列番号」に数値ではなく、文字列「商品名」を指定してしまうと、# VALUE!エラーになります。

列番号が不適切（文字列）なためエラーとなる！

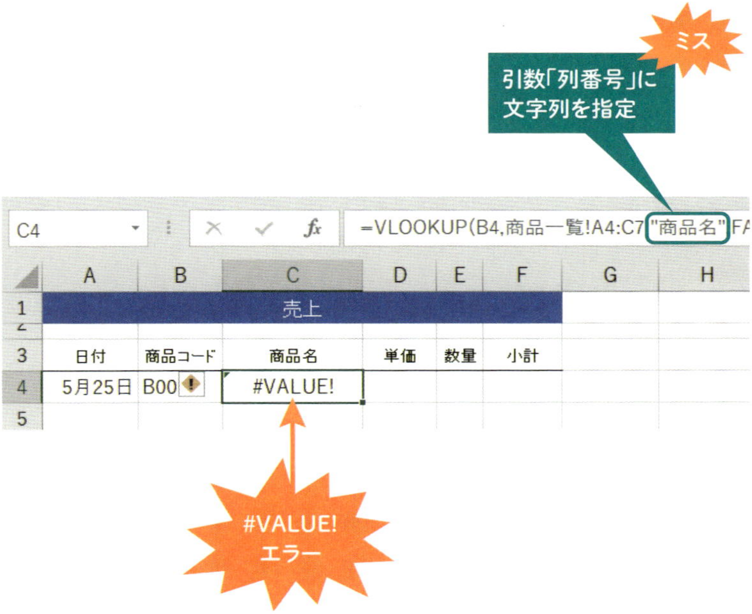

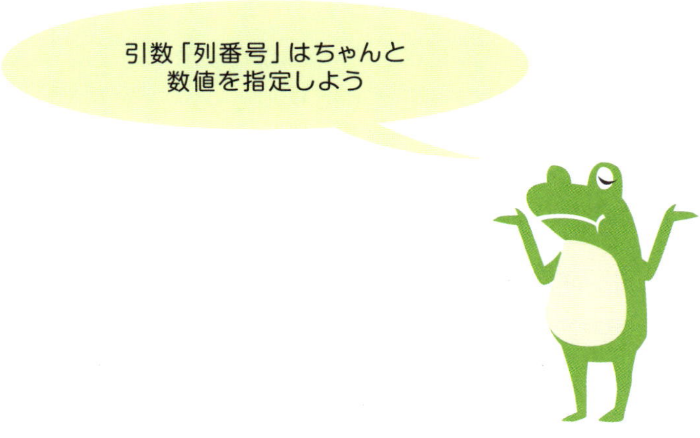

引数「列番号」はちゃんと
数値を指定しよう

Chapter 03

8

引数のチェックに便利な機能が実はある

「参照元のトレース」でチェックしよう！

前節までに解説したチェックを、入力したVLOOKUP関数の数式をただ目で見て行うのは難しいものです。誤りの発見に時間がかかったり、ついつい見逃したりしてしまうでしょう。

そこでチェックに活用していただきたいExcelの機能が「**参照元のトレース**」です。各引数に指定したセルがどこなのか、矢印線で指し示してくれるなど、ワークシート上で見える化してくれます。そのため、誤りがひとめでわかります。

基本的な使い方は右ページの図のようになります。別シートのセルを参照している場合は、矢印線で直接示すことはできませんが、矢印線をクリックしてそのセルにジャンプすることでチェックできます。

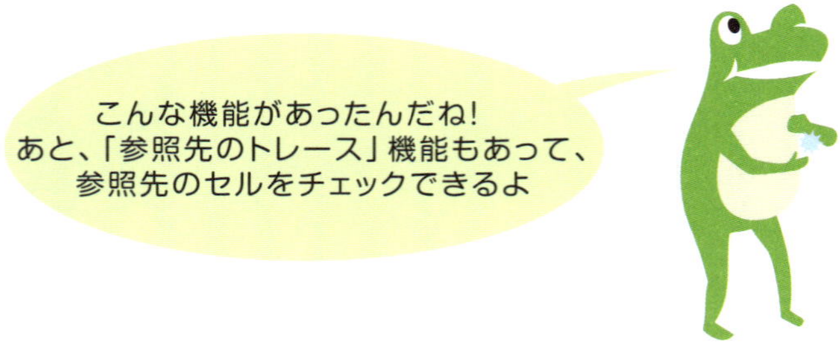

こんな機能があったんだね！
あと、「参照先のトレース」機能もあって、
参照先のセルをチェックできるよ

参照元セルを見える化して確認できる

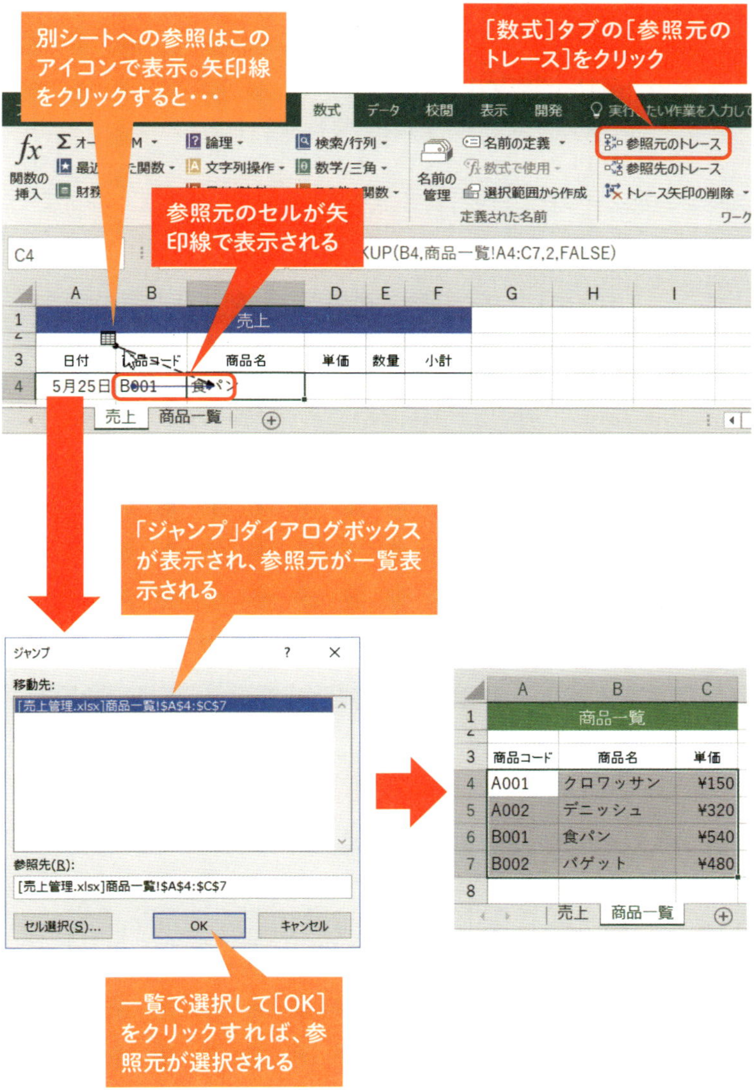

別シートへの参照はこのアイコンで表示。矢印線をクリックすると・・・
[数式]タブの[参照元のトレース]をクリック
参照元のセルが矢印線で表示される
参照元のトレース
参照先のトレース
トレース矢印の削除
=VLOOKUP(B4,商品一覧!A4:C7,2,FALSE)
売上
日付
商品コード
商品名
単価
数量
小計
5月25日
B001
食パン
「ジャンプ」ダイアログボックスが表示され、参照元が一覧表示される
ジャンプ
移動先:
[売上管理.xlsx]商品一覧!$A$4:$C$7
参照先(R):
[売上管理.xlsx]商品一覧!$A$4:$C$7
セル選択(S)...
OK
キャンセル
商品一覧
商品コード
商品名
単価
A001
クロワッサン
¥150
A002
デニッシュ
¥320
B001
食パン
¥540
B002
バゲット
¥480
一覧で選択して[OK]をクリックすれば、参照元が選択される

セルの数が多いなら「数式の表示」機能も便利

VLOOKUP関数の数式が複数のセルにたくさん入力されているワークシートにて、各数式を目で見てチェックしたいとします。その場合、セルをひとつひとつ選択して、数式バーなどに数式を表示していては、膨大な時間と手間がかかってしまいます。

そこで利用したいのが「数式の表示」機能です。この機能をオンにすると、数式が入力されたすべてのセル上に数式が直接表示されます。各セルの数式をひとつひとつ表示する必要がなくなるので、効率よくチェックできます。

[数式] タブの [数式の表示] をクリック

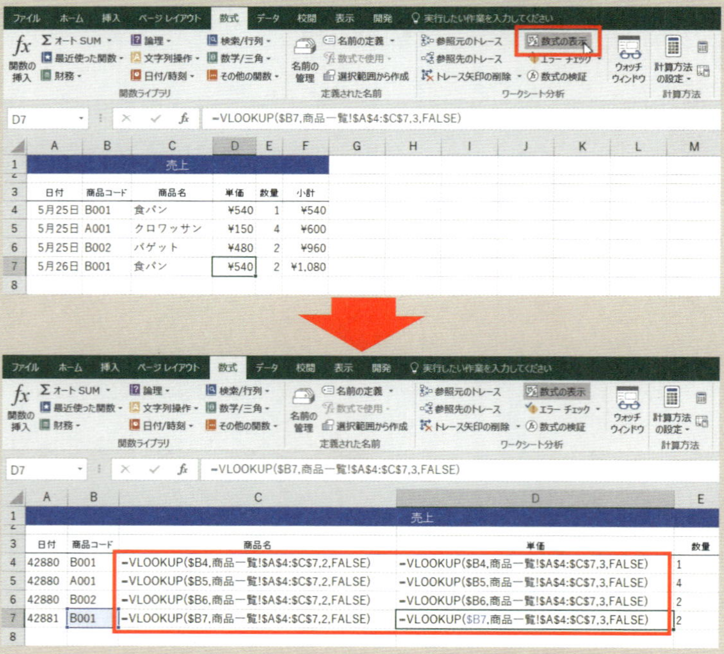

すべての数式がセル上に表示されました。元に戻すには、[数式の表示] を再びクリックし無効化してください。

\Column/

抽出元の表がない！　どうする？

本書でここまで用いてきたVLOOKUP関数の例では、抽出元の表である商品一覧の表が最初から用意されていました。もし、最初から用意されていなければ、どうすればよいでしょうか？

最初から用意されていないケースとは、たとえば次の画面です。売上の表しかなく、商品名と単価の値がC列およびD列に直接入力されているかたちになります。

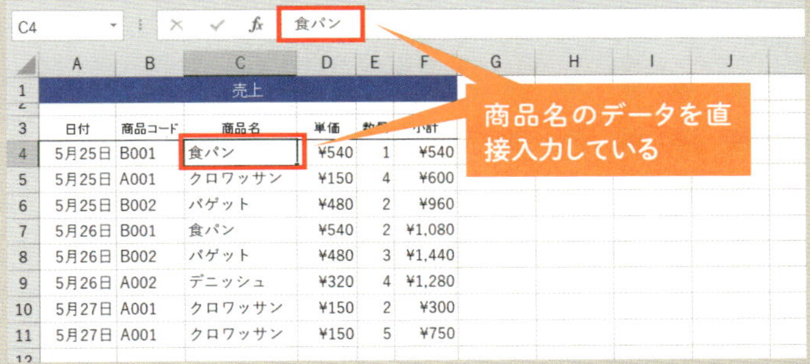
C4　食パン

	A	B	C	D	E	F
1	売上					
3	日付	商品コード	商品名	単価	数量	小計
4	5月25日	B001	食パン	¥540	1	¥540
5	5月25日	A001	クロワッサン	¥150	4	¥600
6	5月25日	B002	バゲット	¥480	2	¥960
7	5月26日	B001	食パン	¥540	2	¥1,080
8	5月26日	B002	バゲット	¥480	3	¥1,440
9	5月26日	A002	デニッシュ	¥320	4	¥1,280
10	5月27日	A001	クロワッサン	¥150	2	¥300
11	5月27日	A001	クロワッサン	¥150	5	¥750

このような売上の表では、商品名や単価を毎回入力しなければならなかったり、もし商品名や単価に変更があった場合、該当セルをすべて書き換えないといけなかったりするなど、使いづらい表になっています。

そのような問題を解決するために、本書の例のように、商品一覧の表を作成し、VLOOOKUP関数で抽出するように改善します。

商品一覧の表の作成手順は基本的に次のようになります。P87の図解とあわせてお読みください。

【手順1】抽出元の表に含める列を決める

抽出元の表に含める列は、ある列の値が決まれば、入力する値が決まる列です。言い換えると、毎回同じ値を入力する列です。今回の例なら「商品名」と「単価」の列です。両者とも「商品コード」が決まれば、値が決まります。

【手順2】元の表と抽出元の表を紐づける列を決める

この列の値が決まれば、他の列に入力する値が決まるという列を決めます。今回の例なら、「商品コード」になります。この「商品コード」という列は、売上の表（元の表）と作成した商品一覧の表（抽出元の表）を紐づける列になります。そのため、両方の表に用意します。

【手順3】【手順1】と【手順2】で決めた列を別表にコピー

抽出元の表に含める列、および元の表と抽出元の表を紐づける列を丸ごと別表にコピーします。その列のすべての行をコピーすることになります。今回の例なら、列「商品コード」と「商品名」と「単価」です。このように列を分離します。そして、分離した後に残った元の表が抽出先の表になります。

分離の際、元の表（抽出先の表）と抽出元の表を紐づける「商品コード」は、抽出元の表の1列目に必ず配置します。VLOOKUP関数での検索対象とするためです。

また、もし、抽出元の表を別シートに作成するなら、あらかじめシートを追加し、名前を設定しておきます。

【手順4】抽出元の表で重複する行を削除

【手順3】にて抽出元の表に丸ごとコピーしたデータには、重複する行がいくつかあります。それらを削除して、重複がない状態に整えます。

重複を削除した後、さらに1列目のデータで全体を昇順にソートしておきましょう。ソートは必須ではありませんが、表のデータの整理などの意味でも、行っておくとよいでしょう。

【手順1】〜【手順4】までの図解

元の表（抽出先の表）

	A	B	C	D	E	F
1	売上					
3	日付	商品コード	商品名	単価	数量	小[illegible]
4	5月25日	B001	食パン	¥540	1	[illegible]
5	5月25日	A001	クロワッサン	¥150	4	[illegible]
6	5月25日	B002	バゲット	¥480	2	[illegible]
7	5月26日	B001	食パン	¥540	2	¥1,[illegible]
8	5月26日	B002	バゲット	¥480	3	¥1,[illegible]
9	5月26日	A002	デニッシュ	[illegible]	[illegible]	[illegible]
10	5月27日	A001	クロワッサン	¥150	2	[illegible]
11	5月27日	A001	クロワッサン	¥150	5	[illegible]

売上

【手順1】抽出元の表に含める列を決める

【手順2】元の表と抽出元の表を紐づける列を決める

【手順3】【手順1】と【手順2】の列を別表にコピー

別表（抽出元の表）

	A	B	C
1	商品コード	商品名	単価
2	B001	食パン	¥540
3	A001	クロワッサ	¥150
4	B002	バゲット	¥480
5	B001	食パン	¥540
6	B002	バゲット	¥480
7	A002	デニッシュ	¥320
8	A001	クロワッサ	¥150
9	A001	クロワッサ	¥150
10			

売上　商品一覧

【手順4】重複する行を削除

ここではワークシート「商品一覧」を追加し、そこに抽出元の表を作成するとする

完成！

	A	B	C
1	商品コード	商品名	単価
2	B001	食パン	¥540
3	A001	クロワッサン	¥150
4	B002	バゲット	¥480
5	A002	デニッシュ	¥320

加えて「商品コード」でソートしておくと完璧！

	A	B	C
1	商品コード	商品名	単価
2	A001	クロワッサン	¥150
3	A002	デニッシュ	¥320
4	B001	食パン	¥540
5	B002	バゲット	¥480

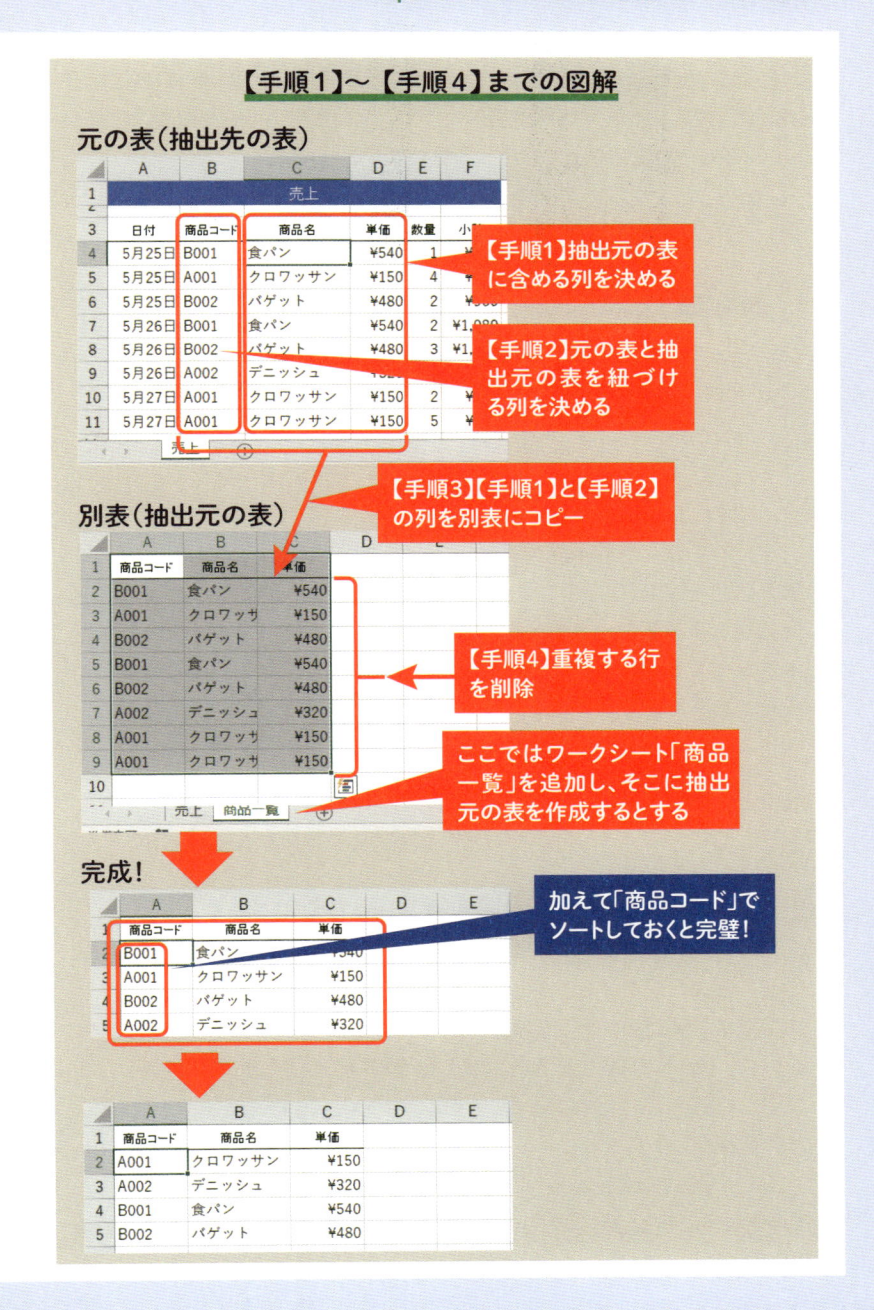

以上が抽出元の表を作成する基本的な手順です。あとは元の表（抽出先の表）にて、今まで値を直接入力していた「商品名」と「単価」の列を、VLOOKUP関数で抽出するよう変更します。

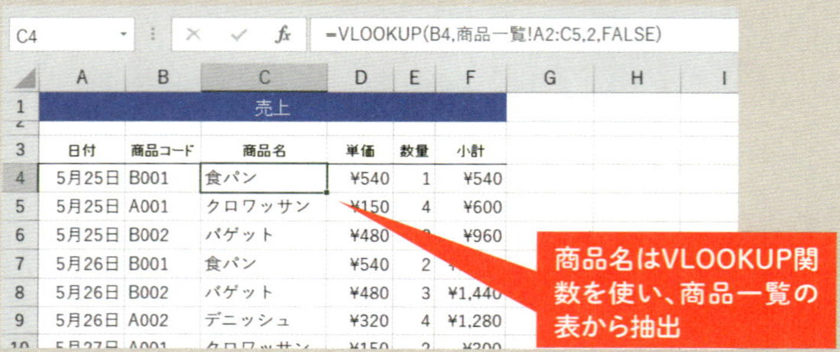

C4　=VLOOKUP(B4,商品一覧!A2:C5,2,FALSE)

日付	商品コード	商品名	単価	数量	小計
5月25日	B001	食パン	¥540	1	¥540
5月25日	A001	クロワッサン	¥150	4	¥600
5月25日	B002	バゲット	¥480	[illegible]	¥960
5月26日	B001	食パン	¥540	2	[illegible]
5月26日	B002	バゲット	¥480	3	¥1,440
5月26日	A002	デニッシュ	¥320	4	¥1,280

売上
商品名はVLOOKUP関数を使い、商品一覧の表から抽出

また、もし、今回の例の「商品コード」のように、元の表（抽出先の表）と抽出元の表をひもづける列（検索対象の列）がなければ、新たに別途追加しましょう。追加する列はどのような形式のデータを入力するかもあわせて決める必要がありますが、いずれにせよVLOOKUP関数で正しく検索できるよう、重複しないことが必須です。

Column

F2キーで数式の修正を効率UP!

セルに入力された数式を修正する際はよく、セルをダブルクリックしたり、数式バーをクリックしたりします。これはこれで間違いではないのですが、手間がかかるものです。

また、セルに数式を新規入力している最中、入力した内容の誤りに気づき、修正するためにカーソルを前に戻そうと←キーを押したら、左のセルに移動してしまい、イラッとした経験はありませんか？

セルの数式の修正作業はF2キーが便利です。F2キーを押すと、ウィンドウ下部にあるステータスバーの左側に「編集」と表示され、編集モードに切り替わります。編集モードでは、カーソルがセル内のデータ上で点滅し、矢印キーで移動できます。また、数式が入力されたセルなら、数式の結果ではなく、数式そのものが表示され、編集可能な状態になります。

C4セルを選択した状態で、F2キーを押すと……

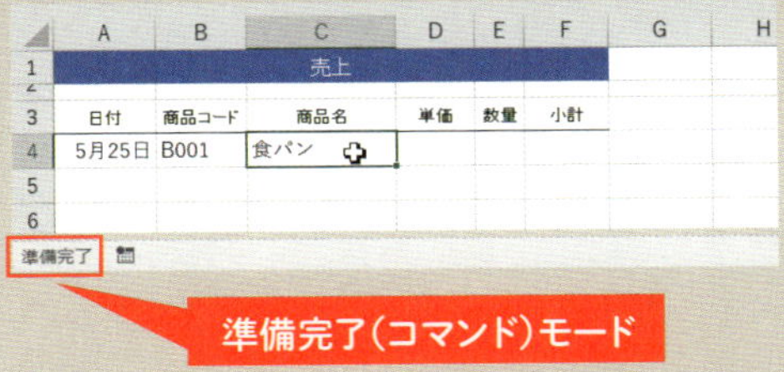

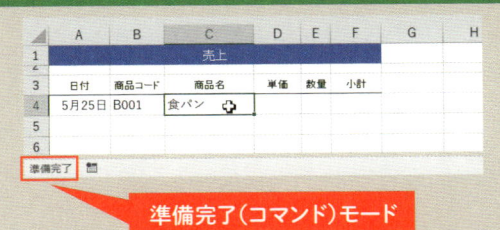

編集モードに切り替わり、C4セルが編集可能な状態になった

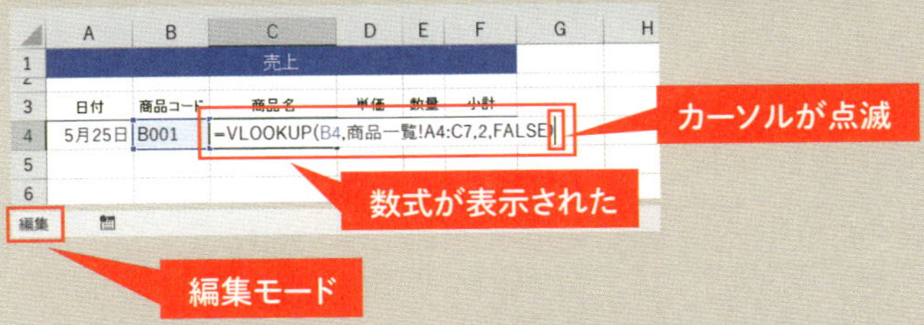

編集モードを解除するにはEnterキーまたはEscキーを押すか、他のセルをクリックします。Enterキーと他のセルをクリックは、修正結果が反映されます。Escキーは反映されません。

なお、モードは通常時が「準備完了」（コマンド）、セルに新規入力中が「入力」になります。これらのモードで矢印キーを押すと、隣のセルへ移動します。

引数「列番号」は相対的な位置で指定しよう

今回の例では、商品一覧の表のB列「商品名」を抽出するため、引数「列番号」には2を指定しました。B列はワークシート全体でも2列目になりますが、それは抽出元の表のセル範囲がA4～C7セルと、A列から始まっているからです。

もし、抽出元の表が全体的に2列右に移動し、C4～E7セルに位置するようになったと仮定します。抽出元の表はA列ではなく、C列から始まるようになり、「商品名」はD列に位置することになります。

「商品名」はD列に位置

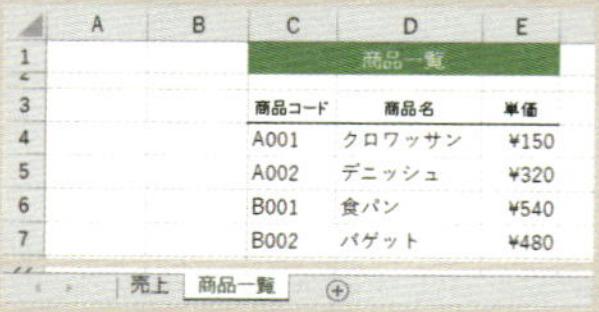

その場合、VLOOKUP関数の引数「範囲」にはC4～E7セルを指定しますが、引数「列番号」には同じ2を指定します。たとえば売上の表のC4セルなら、次のような数式になります。

```
=VLOOKUP(B4, 商品一覧!C4:E7,2,FALSE)
```

引数「列番号」に2を指定

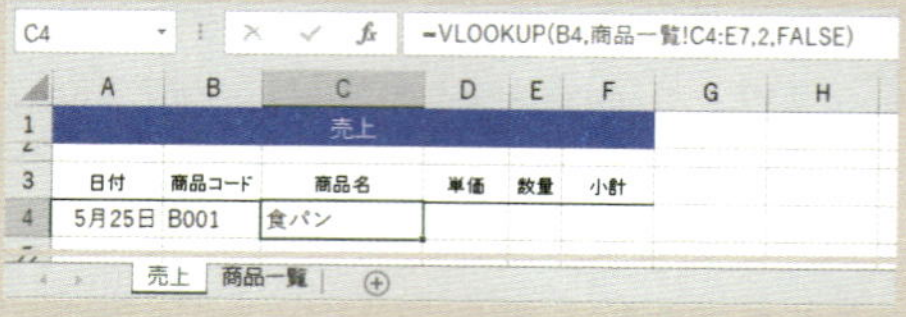

D列「商品名」はワークシート全体では4列目ですが、C4～E7セルにある商品一覧の表においては、2列目に位置するからです。

このように引数「列番号」はあくまでも、引数「範囲」のセル範囲における相対的な位置で、抽出したい列の列番号を指定しなければならない点に注意しましょう。

Chapter

04

↓

他のセルにコピーして使うには

Chapter 04

1

1行下のセルにコピーしたけど……

オートフィルなどでコピーするとエラーに！

本書のサンプル「売上管理.xlsx」はChapter02にて、売上の表のC列「商品名」の先頭であるC4セルに、以下のVLOOKUP関数の数式を入力しました。

```
=VLOOKUP(B4,商品一覧!A4:C7,2,FALSE)
```

それによってC4セルには、B4セルに入力した商品コードに該当する商品名を、商品一覧の表から自動で検索し、抽出できるようになりました。

さて、次に1行下のセルであるC5セルに、C4セルのVLOOKUP関数の数式をコピーして、同様に商品名を自動で抽出できるようにしたいとします。オートフィルなどでC5セルにコピーした後、B5セルに商品コード「A001」を入力したとします（オートフィルの操作方法がわからなければ、本章末P 115のコラムを参照してください）。

これで、商品コード「A001」の商品名である「クロワッサン」が商品一覧の表から抽出されるはずですが……右ページの図のように**#N/Aエラー**になってしまいました！

#N/Aエラーになってしまう！

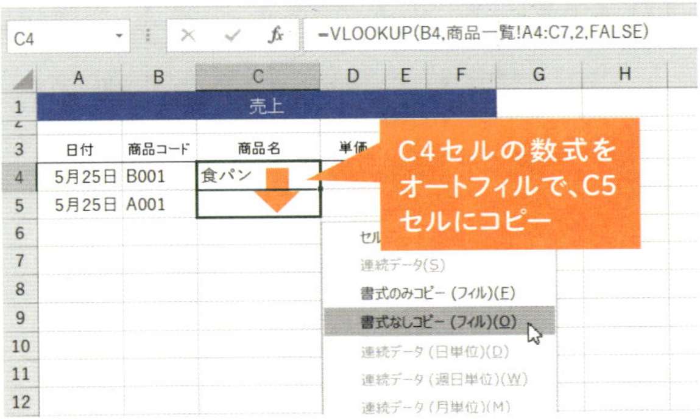

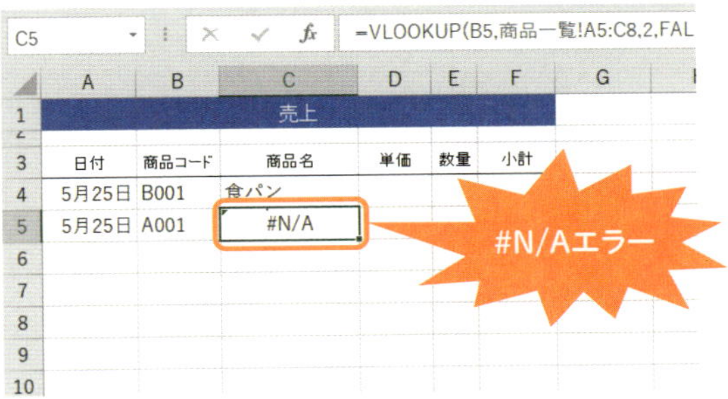

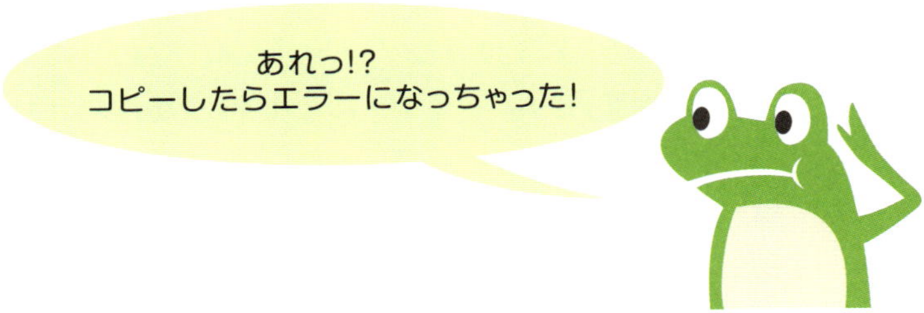

あれっ!?
コピーしたらエラーになっちゃった！

Chapter 04

2

#N/Aエラーになった原因はこれだ！

参照先がズレてしまっている！

売上の表のC5セルが#N/Aエラーになってしまったのは、一体なぜでしょう？　ここで改めてC5セルを選択し、数式バー内のVLOOKUP関数の数式を見ると次のようになっています。

```
=VLOOKUP(B5,商品一覧!A5:C8,2,FALSE)
```

引数「検索値」はB5セルで正しいと言えます。引数「列番号」と引数「検索方法」も問題ありません。

しかし、引数「範囲」を確認すると、A5～C8セルになっています。商品一覧の表は本来、A4～C7セルを指定したいのに、1行下のA5～C8セルへ勝手に移動してしまっています！　行方向にコピーしたら、参照先のセルが行方向へズレてしまいました。

そのため、商品一覧の表では商品コード「A001」はA3セルにあるのに、引数「範囲」はA4～C7セルに変わったため、検索対象から外れてしまい、見つからずに**#N/Aエラー**となったのでした。

また、右ページの下の図のように、列方向にコピーすると、引数「検索値」も引数「範囲」も列方向にずれてしまいます。

　このように引数「検索値」や引数「範囲」がズレてしまったのは、セル範囲を「**相対参照**」という方式で指定したからです。「相対参照」とは何か、そもそもセルの参照方式にどういった違いがあるのか、次節から解説していきます。

▼C5セル

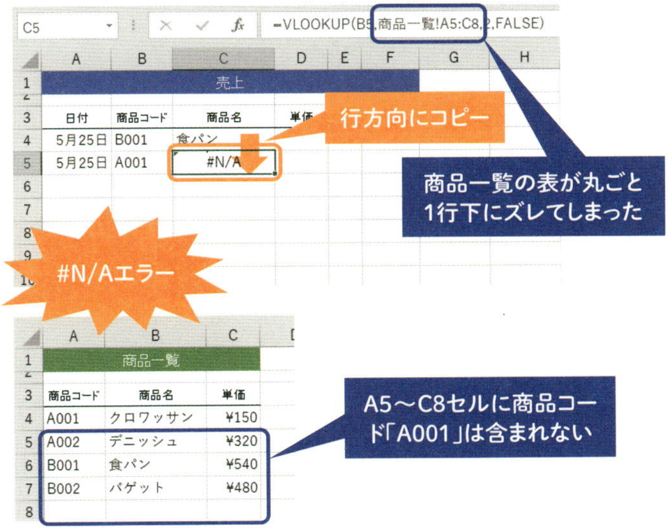

▼D4セル

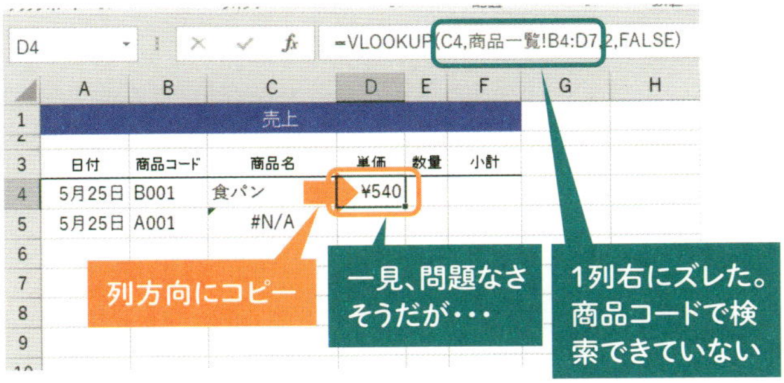

Chapter 04

3

参照方式の種類と違いを理解しよう

相対参照？　絶対参照？　複合参照って！？

セルの参照方式には、「**相対参照**」と「**絶対参照**」と「**複合参照**」の3種類があります。それぞれの違いは、数式が入力されているセルを他のセルにコピーした際に、数式内で参照しているセル番地の行または列が自動で変化するか変化しないかです。言い換えると、行または列を固定するかしないかです。

自動で変化するとは、たとえばセルを下方向（行方向）にコピーした際、行数が1ずつ増えることです。右方向（列方向）なら、列名（列番号）がアルファベット順に増えていきます。

複合参照とは、行または列のいずれかを固定で指定する方式です。

- **相対参照**
  行も列も自動で変化する
- **絶対参照**
  行も列も自動で変化しない

・**複合参照**

相対参照で指定している行または列のみが変化する

参照方式の種類と違い

コピーした際の行と列の変化

参照方式	行の変化	列の変化
相対参照	○	○
絶対参照	×	×
行固定の複合参照	×	○
列固定の複合参照	○	×

複合参照には2つの種類があるんだね

Chapter 04

4

相対参照と絶対参照と複合参照の指定方法

それぞれの参照方法をマスターしよう！

相対参照と絶対参照と複合参照の指定方法は次の通りです。セル番地の行や列に「$」を付けると、その行や列が固定され、コピーしても自動で変化しなくなります。

・**相対参照**

行も列も何も付けない

【例】 A1

・**絶対参照**

行も列も「$」を付ける

【例】 $A$1

・**複合参照**

固定する行または列のいずれかのみに「$」を付ける

【例】 行のみ固定　A$1

列のみ固定　$A1

$をどこに付けるかが重要！

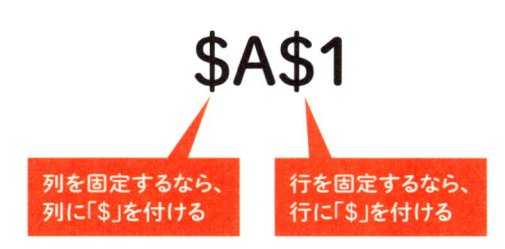

$A$1

列を固定するなら、列に「$」を付ける

行を固定するなら、行に「$」を付ける

参照方式の種類と違い

参照方式	例	行の変化	列の変化
相対参照	A1	○	○
絶対参照	$A$1	×	×
行固定の複合参照	A$1	×	○
列固定の複合参照	$A1	○	×

「$」は Shift + 4 キーで入力できるよ

Chapter 04

5 相対参照と絶対参照と複合参照を体験しよう

参照方法を自在に使いこなせるようになろう

それでは、相対参照と絶対参照と複合参照を体験してみましょう。サンプルはこれまでの「売上管理.xlsx」ではなく、「参照体験.xslx」を用います。ダウンロードファイルから同ブックを開いてください。

「参照体験.xslx」はワークシート「Sheet1」のA1セルに「りんご」、A2セルに「メロン」、B1セルに「みかん」、B2セルに「バナナ」が入力してあります。そして、D1セルには以下のように、A1セルを参照する数式が入力してあります。

```
=A1
```

そのため、A1セルの値である「りんご」が表示されます。

このD1セルの数式をD2セルおよびE1～E2セルにそれぞれコピーします。そのなかで、参照方式の違いによって、コピーの結果がどう変わるかを確認することで、参照方式の違いを体験します。

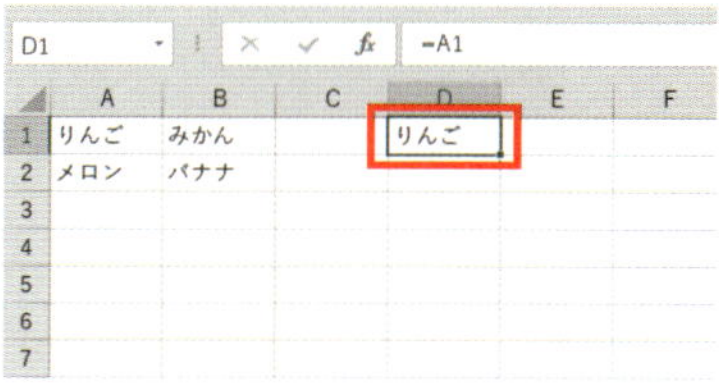

相対参照を体験

D1セルの数式は「=A1」であり、行にも列にも「$」がついていないので、相対参照になります。D1セルをオートフィルなどでD2セルおよびE1～E2セルにコピーすると、次のような結果になります。

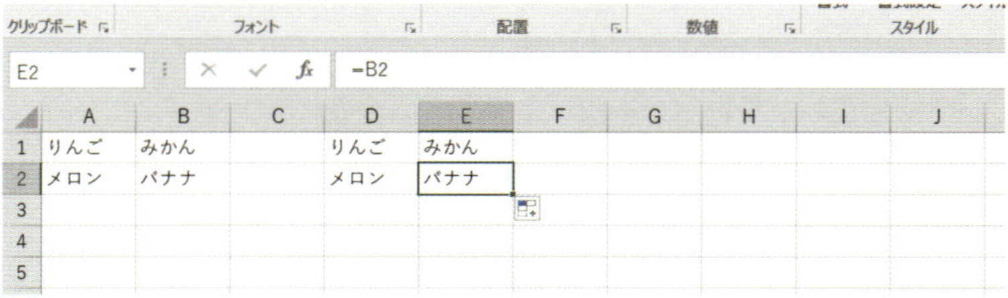

相対参照で指定したD1セルの数式をコピーすると…

セル	数式	表示内容	セル	数式	表示内容
D1	=A1	りんご	E1	=B1	みかん
D2	=A2	メロン	E2	=B2	バナナ

D1セルは相対参照のため、コピーすると行も列も自動で変化します。そのため、同じ列で1行下のD2セルの数式では、A1セルの1行下であるA2セルに変化します。1列右で同じ行のE1セルでは、A1セルの1列右であるB1セルに変化します。1行下1

列右のE2セルでは、A1セルの1行下1列右であるB2セルに変化します。

絶対参照を体験

次はD1セルの数式を次の絶対参照にします。

```
=$A$1
```

D2セルおよびE1～E2セルにコピーした結果は次のようになります。

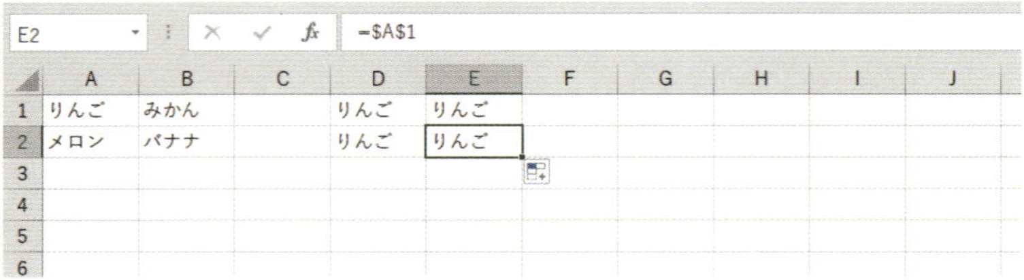

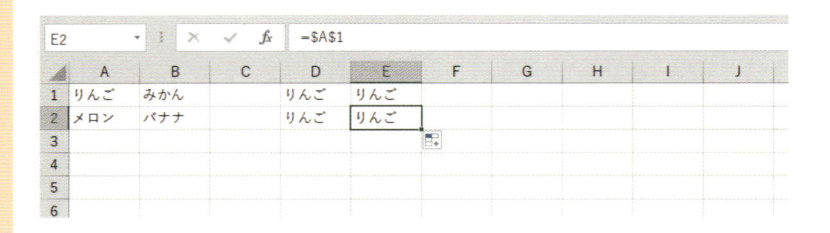

D1セルの数式を絶対参照にしてコピーすると…

セル	数式	表示内容	セル	数式	表示内容
D1	=$A$1	りんご	E1	=$A$1	りんご
D2	=$A$1	りんご	E2	=$A$1	りんご

D1セルは絶対参照でA1セルを参照しており、コピーしても行も列も自動で変化しないため、D2セルおよびE1～E2セルはいずれも同じA1セルのままになります。

列のみ固定の複合参照を体験

次はD1セルの数式を次のように、列のみ固定（列のみ絶対参照）の複合参照にします。

```
=$A1
```

D2セルおよびE1～E2セルにコピーした結果は次のようになります。

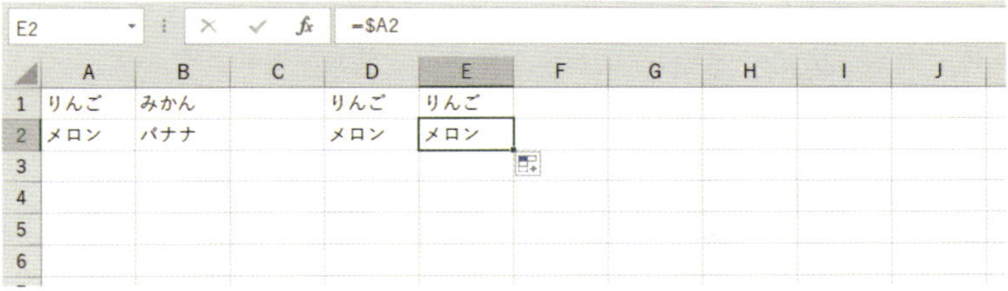

D1セルの数式を列のみ固定してコピーすると…

セル	数式	表示内容	セル	数式	表示内容
D1	=$A1	りんご	E1	=$A1	りんご
D2	=$A2	メロン	E2	=$A2	メロン

コピーの際は列が固定され、行のみが自動で変化します。そのため、D2セルは行のみが1ふえてA2セルに変化します。

E1セルは列方向にコピーしたにもかかわらず、列が固定されているため、列はA列のままです。行は同じなので、結果として同じA1セルのままになります。

E2セルでは、列は同じくA列のままです。行は固定されていないので、2に自動で増えて、A2セルに変化します。

行のみ固定の複合参照を体験

最後はD1セルの数式を次のように、行のみ固定（行のみ絶対参照）の複合参照にします。

```
=A$1
```

D2セルおよびE1～E2セルにコピーした結果は次のようになります。

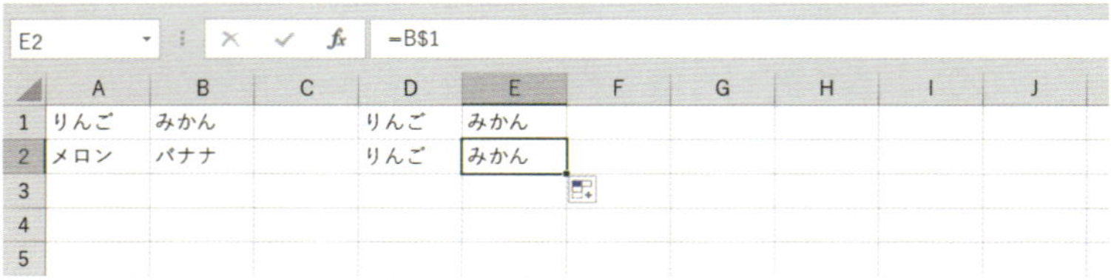

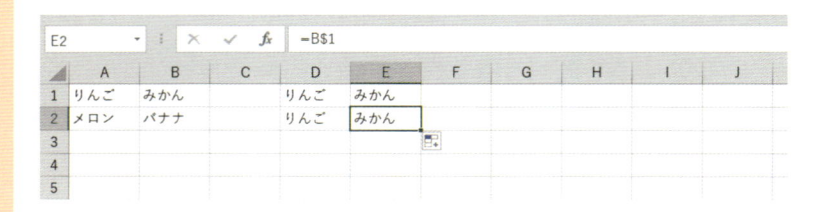

D1セルの数式を行のみ固定してコピーすると…

セル	数式	表示内容	セル	数式	表示内容
D1	=A$1	りんご	E1	=B$1	みかん
D2	=A$1	りんご	E2	=B$1	みかん

コピーの際は行が固定され、列のみが自動で変化します。そのため、D2セルは行方向にコピーしたにもかかわらず、行が固定されます。列は同じであるため、結果として同じA1セルのままになります。

E1セルは同じ行にて、列方向にコピーするため、列のみが変化してB1セルに変化します。

E2セルでは、行は固定されているので、1行目のままです。

列は固定されていないので、Bに自動で増えて、B1セルに変化します。

参照方式の違いの体験は以上です。VLOOKUP関数に限らず、あるセルに入力した数式を他のセルにコピーする際、参照するセル番地を意図通り自動で変化させられるよう、各方式の違いと指定方法をしっかりと理解しましょう。

セルの表示形式について

Excelのセルには「表示形式」という機能が使えます。実際に入力されているデータとは異なる形式でセル上に表示できる機能です。たとえば次の画面のC4セルの場合、入力されているデータは150という数値ですが、表示形式を「通貨」に設定しているため、セル上では「¥150」という形式で表示されています。

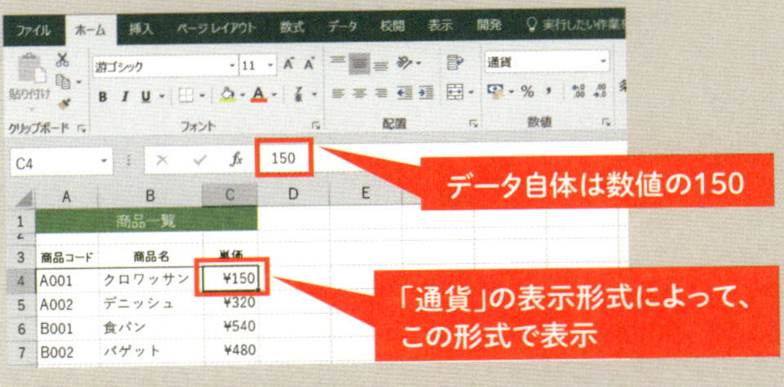

表示形式はセルの書式の一部という位置づけです。そのため、オートフィルなどで書式を除いてセルをコピーすると、表示形式も除いてコピーされる点を認識しておきましょう。

また、表示形式を設定するには、［ホーム］タブの「数値」にあるドロップダウンなどを用います。

Chapter 04

6

参照方式の切り替えは F4 キーが便利

いちいち「$」を入力/削除はメンドウ！

参照方式を切り替える際、いちいち「$」を入力したり削除したりするのはメンドウです。そこで利用したいのが、ショートカットキーの F4 キーです。

まずは目的の数式にて、目的の参照の箇所（セル番地の部分）をクリックするなどして、カーソルを点滅させた状態にして選択します。

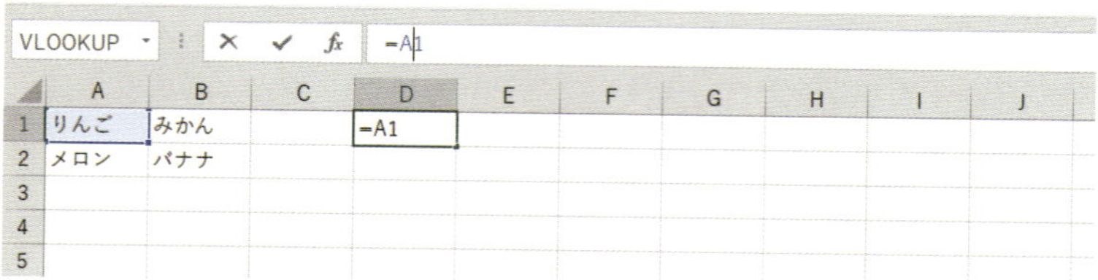

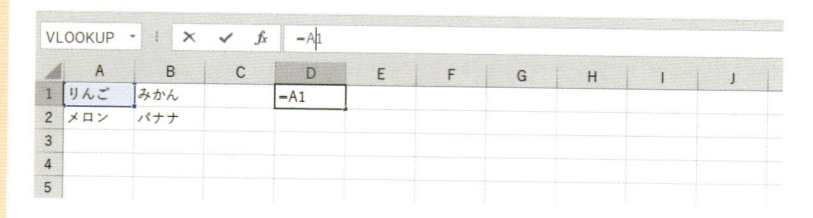

その状態で、F4 キーを押す度に、次のパターンで参照方式が切り替わり、行や列に「$」が自動で追加/削除されていきます。セル内でも数式バー上でも使えます。

F4 キーを1回押すと、元の相対参照から絶対参照に切り替わった

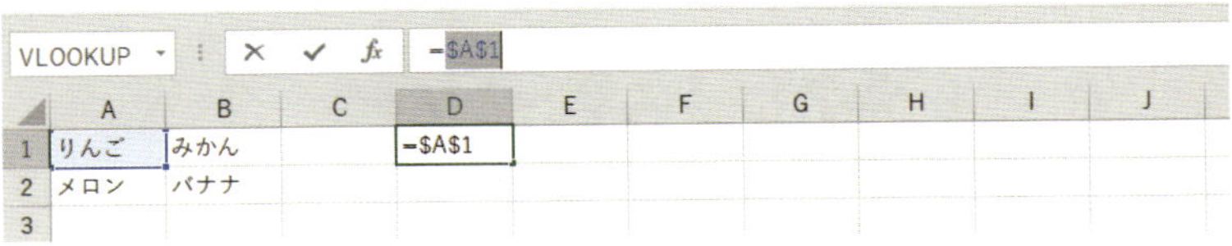

F4 キーを押すとこの順で参照方法を変えられるので便利！

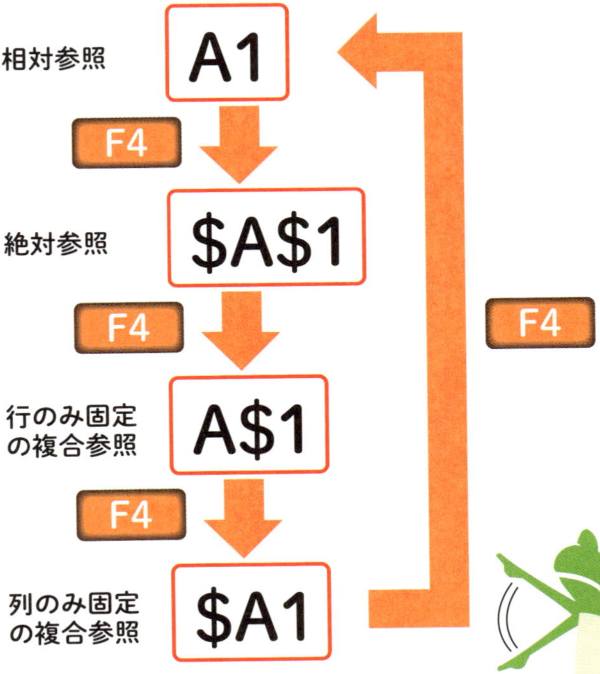

Chapter 04

7

今の数式をどう修正すればいい？

ズレないように参照方式を変えよう！

それでは、再びサンプル「売上管理.xlsx」に戻り、売上の表のC4セルに入力しているVLOOKUP関数の数式を他セルにコピーしたら、各引数の参照先のセルがズレてしまう問題を解決しましょう。

先に引数「範囲」から考えます。引数「範囲」は毎回必ず、商品一覧の表のA4 ～ C7セルを参照したいのでした。行方向にコピーしても列方向にコピーしても、ズレてしまっては困ります。したがって、行/列方向いずれにコピーしても参照先が固定される絶対参照に修正すればよいとわかります。

次は引数「検索値」です。売上の表のB列で同じ行にあるセルの商品コードで検索したいのでした。コピーした際、列はB列のままで、行だけ自動で変化してくれれば都合よいことになります。したがって、列のみ固定の複合参照に変更に修正すればよいとわかります。

・**引数「検索値」は列のみ固定の複合参照に修正**

【修正前】B4　→　【修正後】$B4

・引数「範囲」は絶対参照に修正

【修正前】A4:C7　→　【修正後】$A$4:$C$7

・数式全体

【修正前】

```
=VLOOKUP(B4,商品一覧!A4:C7,2,FALSE)
```

↓

【修正後】

```
=VLOOKUP($B4,商品一覧!$A$4:$C$7,2,FALSE)
```

VLOOKUP関数の引数の参照方法を変更しよう

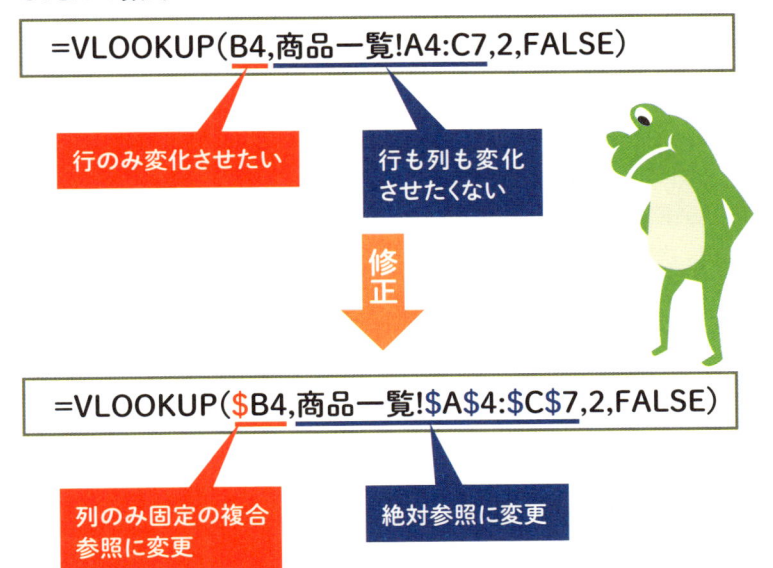

C4セルの数式

=VLOOKUP(B4,商品一覧!A4:C7,2,FALSE)

- B4：行のみ変化させたい
- 商品一覧!A4:C7：行も列も変化させたくない

↓ 修正

=VLOOKUP($B4,商品一覧!$A$4:$C$7,2,FALSE)

- $B4：列のみ固定の複合参照に変更
- 商品一覧!$A$4:$C$7：絶対参照に変更

Chapter 04

8

実際に数式を修正しよう

参照方法を変更してみよう

売上の表のC4セルのVLOOKUP関数の数式をどのように修正すればよいかわかったところで、実際に修正してみましょう。

最初に、C4セルのVLOOKUP関数の引数「検索値」を相対参照の「B4」から、列のみ固定の複合参照の「$B4」に変更してください（❶）。参照方式の切り替えは F4 キーを使うと非常に効率的です。

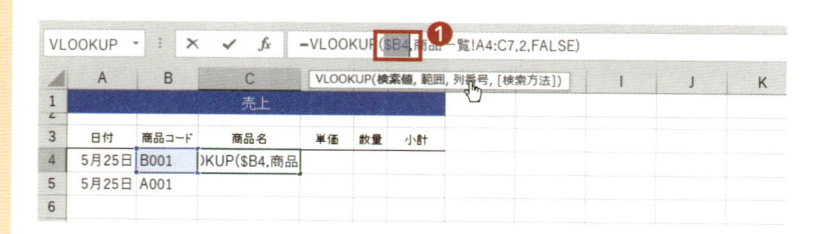

なお、画面では数式バー上で修正していますが、セル内で直接修正しても構いません。

続けて、引数「範囲」を絶対参照に修正しましょう。セル範囲の「:」の前の「A4」と後の「C7」それぞれを、F4 キーで絶対参照に変更してください（❷）。

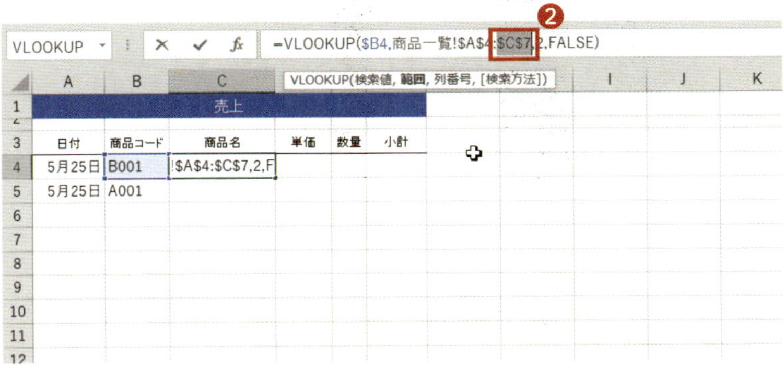

2つの引数の修正が終わったら、Enter キーを押して確定してください。以上でVLOOKUP関数の数式の修正は完了です。

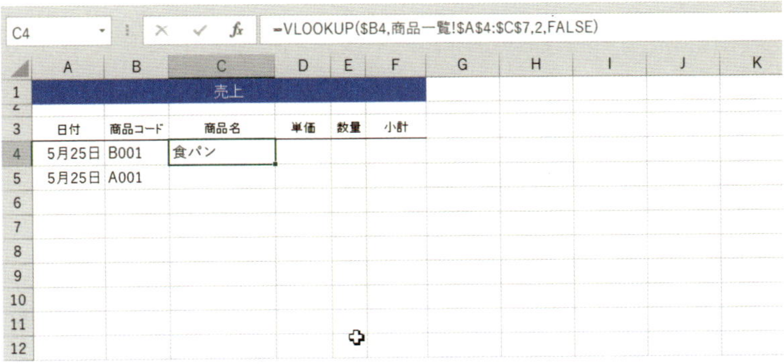

これで、C4セルのVLOOKUP関数の数式をC5セル以降やD列のセルにコピーしても、参照先の行や列が意図しないかたちでズレてしまうことなく、商品一覧の表から意図通りに抽出できるようになりました。

Chapter 04

9 残りのセルに改めてコピーしよう

残りのセルも設定して完成させよう！

前節では、売上の表のC4セルのVLOOKUP関数の数式を修正できました。さっそく、C5セルとD4～D5セルにコピーしてみましょう。

最初にC4セルをC5セルにオートフィルなどでコピーしてください。すると、C5セルには次のような数式がコピーされます。

```
=VLOOKUP($B5,商品一覧!$A$4:$C$7,2,FALSE)
```

引数「検索値」は行を固定していないので、B4セルからB5セルに自動で変化しました。一方、引数「範囲」は絶対参照のため変化していません。これで、今度は意図通り、商品コード「A001」の商品名である「クロワッサン」が検索されて抽出されます。

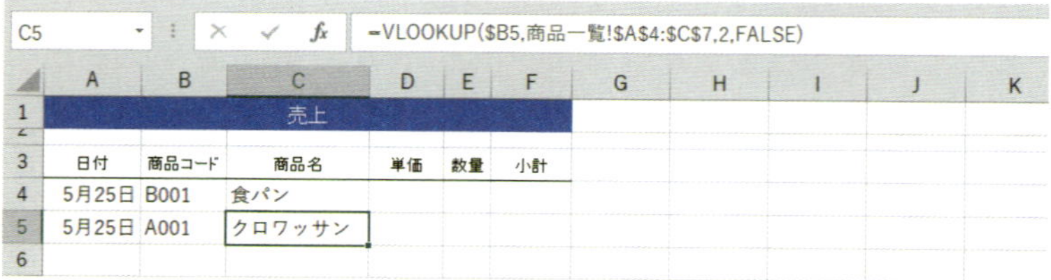
C5
=VLOOKUP($B5,商品一覧!$A$4:$C$7,2,FALSE)
A B C D E F G H I J K
売上
日付 商品コード 商品名 単価 数量 小計
5月25日 B001 食パン
5月25日 A001 クロワッサン

次はD4セルです。まずはC4セルをD4セルにコピーしてください。D4セルには次のような数式がコピーされます。

```
=VLOOKUP($B4,商品一覧!$A$4:$C$7,2,FALSE)
```

引数「検索値」は列を固定しているため、列方向にコピーしてもB列のままです。一方、引数「範囲」は絶対参照のため変化していません。

D4セルの数式はこれで完成ではありません。D列は商品一覧の表から、単価をVLOOKUP関数で抽出したいのでした。商品一覧の表では、単価のデータは3列目にあります。よって、VLOOKUP関数の引数「列番号」は2のままではなく、3に修正する必要があります（❶）。

```
=VLOOKUP($B4,商品一覧!$A$4:$C$7,3,FALSE)
```

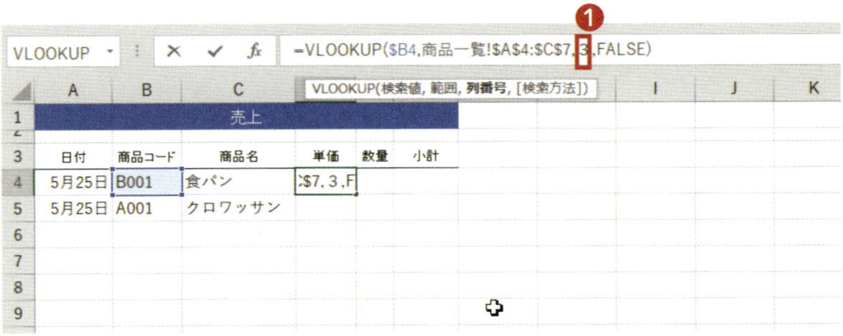

あとはD4セルをD5セルにコピーしてください。D5セルには次のような数式がコピーされます。

=VLOOKUP($B5,商品一覧!$A$4:$C$7,3,FALSE)

引数「検索値」は行を固定していないので、B4セルからB5セルに自動で変化しました。一方、引数「範囲」は絶対参照のため変化していません。これで、D4～D5セルには、同じ行のB列の商品コードに該当する単価が抽出されます。

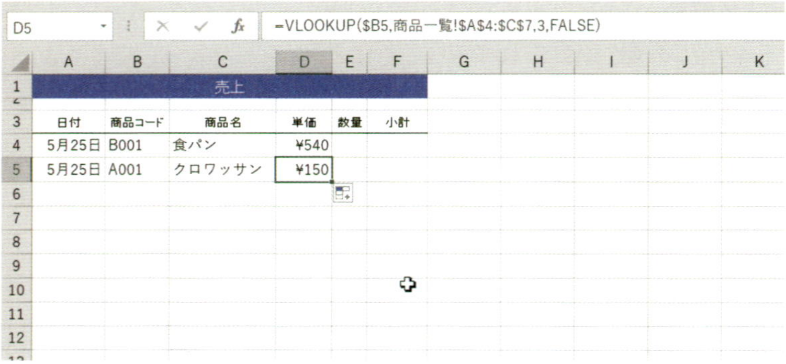

これで、売上の表のC列「商品名」とD列「単価」は4～5行目だけですが、目的のVLOOKUP関数を入力し、意図通りデータの抽出が行えるようになりました。

あとはE列「数量」やF列「小計」にデータや数式を入力したり、6行目以降も同様に使っていけば、売上の管理が効率よく実施できるでしょう。

オートフィルのキホン

セルのコピーに便利な機能が「オートフィル」です。ドラッグ操作でセルをコピーできます。

オートフィルの操作には、セルを選択すると右下に表示される「■」を用います。この「■」は「フィルハンドル」と呼ばれます。通常はマウスの左ボタンを押して、コピーしたいセルまでドラッグします。たとえば次の画面では、A1セルのフィルハンドルをA2セルまでドラッグしています。なお、フィルハンドルの上にマウスポインターを重ねると、画面のようにマウスポインターの形が「＋」に変わります。

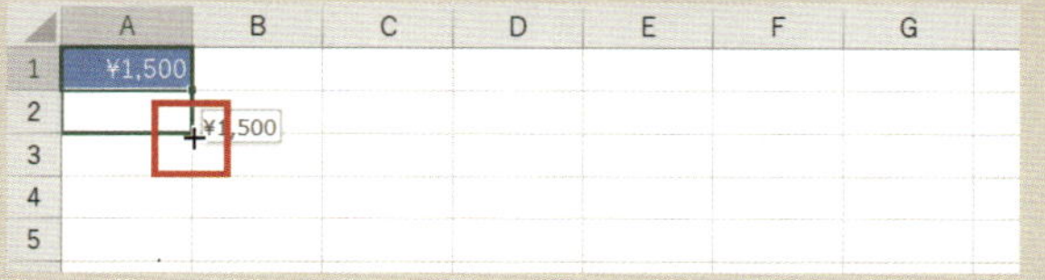

A2セルの位置で左ボタンを放すと、画面のようにA1セルがA2セルにコピーされます。

先ほどの例のように、左ボタンでのオートフィルでは、セルのデータに加えて書式もコピーされます。書式は除き、データだけをコピーしたければ、マウスの右ボタンでオートフィルを行ってください。

先ほどの例なら、A1セルのフィルハンドルをマウスの右ボタンでドラッグし、A2セルの位置で離します。すると、ポップアップメニューが表示されるので、［書式なしコピー（フィル)］をクリックしてください。

右ボタンでドラッグし、[書式なしコピー（フィル）]をクリック

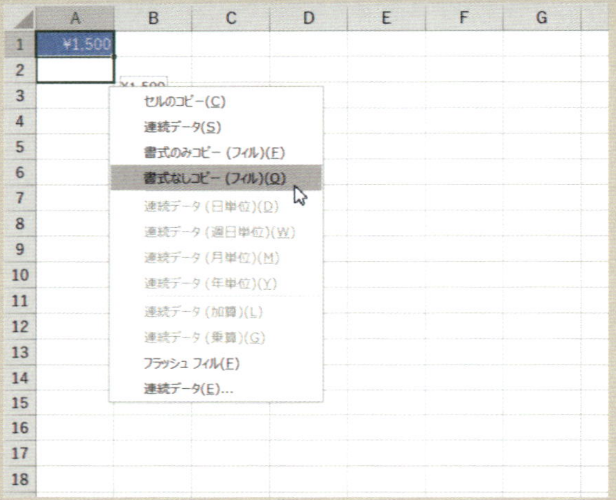

すると、書式を除いたデータのみがコピーされます。

書式を除いたデータのみがコピー

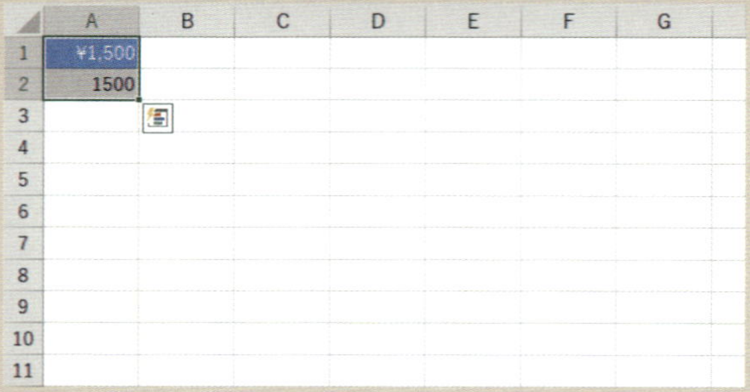

他にも、数値や日付などの連続データとしてのコピーなど、オートフィルには多彩なパターンでセルをコピーすることができます。

Chapter

05

数の範囲で検索する機能の使い方

Chapter 05

1 IF関数でもできないことはないが……

できるからといって、わかりやすいとはいえないかも…

1-6節で紹介した、各支店のスコアでA～Dの4段階の評価をしたい例では、評価基準の表（E4～F7列セル）に基づいて、スコアを数の範囲で判定し、A～Dから該当する評価を判定する必要があります（P22参照）。関数に詳しい読者の方なら、「IF関数を使えばいいじゃん！」と思うことでしょう。確かにIF関数を使えば判定を自動化できますが、実際に数式を書いてみると……たとえばC4セルなら、次の数式になります。

```
=IF($B4>=$E$7,$F$7,IF($B4>=$E$6,$F$6,IF($B4>=$E
$5,$F$5,$F$4)))
```

確かに機能としては目標をクリアしているものの、このようにIF関数がいくつも入れ子になってしまい、わかりづらく、入力するのもウンザリです。ましてや、判定の種類の数がもっと増えたら……想像するだに恐ろしいではないですか！

VLOOKUP関数ならスッキリとシンプルな数式で済み、判定の種類の数がいくら増えても、ほんのチョットの修正だけで対応できます。

IF関数でやると、こんなフクザツに

B列のスコアの点数に応じた評価をC列に表示したい

判定基準
・0以上ならD
・80以上ならC
・120以上ならB
・160以上ならA

	A	B	C	D	E	F
1	支店別調査結果				評価基準	
3	支店名	スコア	評価		スコア	評価
4	渋谷店	148	B		0	D
5	新宿店	83	C		80	C
6	原宿店	105	C		120	B
7	下北沢店	136	B		160	A
8	吉祥寺店	184	A			
9	中野店	76	D			
10	西荻窪店	152	B			
11						

IF関数でもできないことはないが…

```
=IF($B4>=$E$7,$F$7,IF($B4>=$E$6,$F$6,IF($B4>=$E$5,$F$5,$F$4)))
```

わかりづらい！

入力がタイヘン！

評価の種類が増えたら…！

「$」は Shift ＋ 4 キーで入力できるよ

Chapter 05

2

抽出元の表はこう用意する必要がある～ポイント①

1つ目のポイントは“抽出元の表の形式”

本節から、VLOOKUP関数を使い、各支店のスコアに応じてA～Dの評価を得る方法を解説していきます。目的の判定を行うには、VLOOKUP関数で**数の範囲で検索**できる必要があります。

そのためのポイントは2つあり、**1つ目は抽出元の表の形式**です（2つ目は次節で説明します）。まずは必ず、範囲の基準となる数を1列目に用意します。この1列名が検索対象になります。

1列目の数値は、範囲の境界となる数値を上のセルから順に並べていきます。すると、引数「検索値」が1番目のセルの数値以上、2番目のセルの数値未満なら、1番目のセルが検索されます。3番目以降のセルも同様です。最後のセルの数値は、その数値以上なら検索されます。また、1番目の数値未満は検索されません。このような基準に沿って、1列目の数値を用意します。

加えて、1列目の数値は必ず、昇順（小さい順）で並べておく必要があります。昇順になっていないと、意図通り検索できなくなってしまうので注意してください。

2列目には、1列目の数の範囲に対応する値を用意します。今回の例なら、A～Dの評価の文字列です。

抽出元の表の１列目は境界の数値を順に並べる

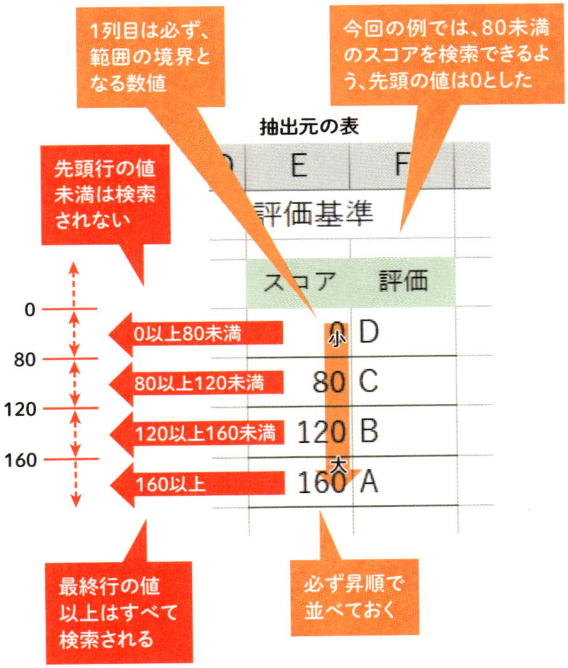

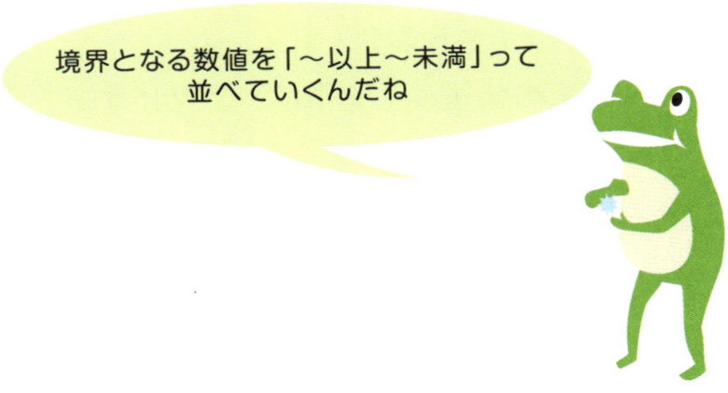

今回の例では、80未満のスコアを検索できるよう、先頭の値は0とした

0以上80未満
80以上120未満

最終行の値以上はすべて検索される

境界となる数値を「～以上～未満」って
並べていくんだね

Chapter 05

3

引数「検索方法」にTRUEを指定するのがミソ～ポイント②

2つ目のポイントは近似一致での検索

2つ目のポイントは、VLOOKUP関数の4つめの引数「検索方法」に、TRUEを指定することです。前章まではFALSEを指定し、完全一致で検索を行っていました。引数「検索値」の値が、抽出元の表の1列目の値と完全に等しい場合のみ検索されます。

それに対してTRUEを指定すると、「**近似一致**」で検索が行われます。どのように検索されるのか、具体的には前節でも触れた通り、抽出元の表の1列目の値を1行目から順に見ていき、検索値がその行の値以上、かつ、次の行の値未満なら、その行が検索されます。最後の行なら、その値以上なら検索されます。最初の行の値未満なら検索されません。

近似値一致での検索の仕組みや基準は、言葉にするとややこしいので、次節以降の具体例を見ながら理解を深めてください。

検索方法をTRUEにすることで“～以上～未満”で検索できる！

VLOOKUP(検索値, 範囲, 列番号, TRUE)

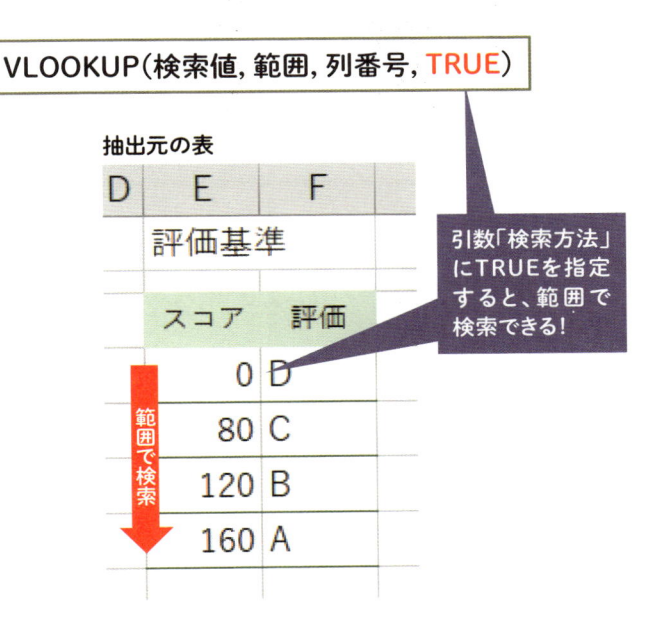

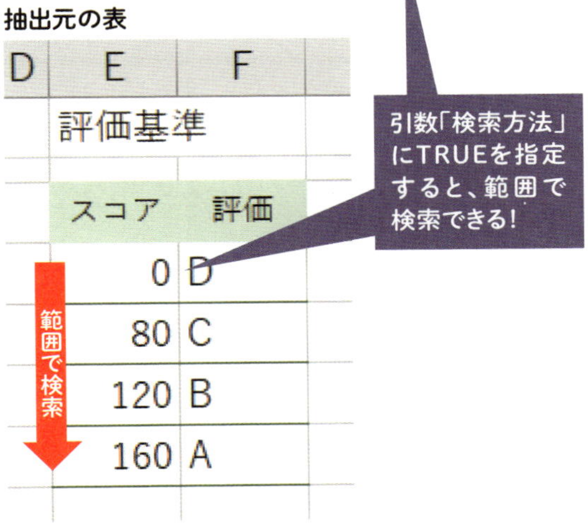

引数「検索方法」にFALSEを指定すると…
完全一致で検索されるんで、
0か80か120か160しか検索されないよ

Chapter 05

4 どんな数式にすればよいか考えよう

VLOOKUP関数の引数を考えてみよう

それでは5-1節の例で、C列「評価」の先頭であるC4セルについて、B4セルのスコアに該当する評価を抽出できるよう、具体的にVLOOKUP関数の数式をどう記述すればよいか考えてみましょう。

引数「検索値」には、スコアの入ったB4セルを指定します。引数「範囲」は抽出元の表（評価基準の表）のセル範囲であるE4～F7セルを指定します。このあとC5セル以降にコピーすることを考慮し、行がズレないよう、行を固定した複合参照にしておきましょう。引数「列番号」は、抽出元の表でA～Dの評価の文字列はF列（2列目）にあるので2を指定します。最後の引数「検索方法」は近似一致で検索したいので**TRUE**を指定します。

```
=VLOOKUP(B4,E$4:F$7,2,TRUE)
```

なお、この例では、C4セルの数式を列方向にコピーしないため、列は絶対参照で指定して固定しなかったのですが、もちろん固定にしても問題ありません。

スコアに該当する評価を抽出する数式は？

C4セルの数式

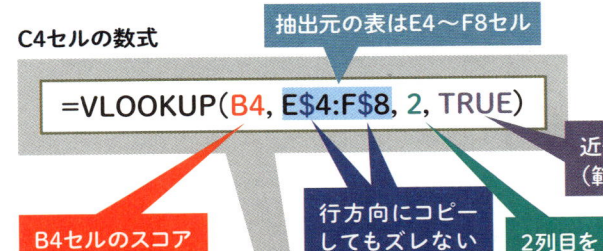

```
=VLOOKUP(B4, E$4:F$8, 2, TRUE)
```

- 抽出元の表はE4～F8セル
- B4セルのスコアを検索
- 行方向にコピーしてもズレないよう、行を固定
- 2列目を抽出
- 近似一致で検索（範囲で検索）

	A	B	C
1	支店別調査結果		
2			
3	支店名	スコア	評価
4	渋谷店	148	
5	新宿店	83	
6	原宿店	105	
7	下北沢店	136	
8	吉祥寺店	184	
9	中野店	76	
10	西荻窪店	152	
11			

抽出元の表

D	E	F
	評価基準	
	スコア	評価
	0	D
	80	C
	120	B
	160	A

範囲で検索

2列目

抽出元の表

Chapter 05

5

数の範囲による検索を体験しよう

実際に入力してみよう

C4セルのVLOOKUP関数の数式がわかったところで、実際に入力してみましょう。本書ダウンロードファイルのブック「支店別調査結果.xlsx」を開いてください。抽出元の表（E4～F7）はすでに、スコアの範囲の境界となる数値がE4～E7セル、A～Dの評価の文字がF4～E7セルに入力してあります。

では、C4セルを選択し、前節に考えた次の数式を入力してください。

```
=VLOOKUP(B4,E$4:F$7,2,TRUE)
```

すると、C4セルには、B4セルのスコアに該当する評価の「B」が抽出されます（❶）。

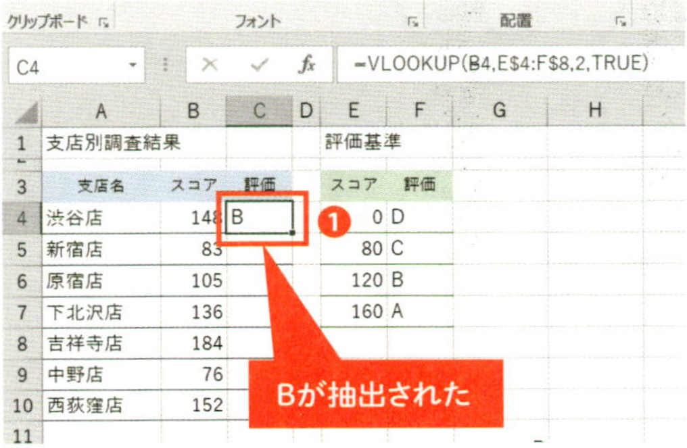

B4セルにはスコアとして148が入力されています。この148という数値は120以上160未満なので、抽出元の表の1列目にて、120が入ったE6セルが近似一致で検索されます。そして、引数「列番号」には2を指定しているため、同じ行の2列目にあるBが抽出されます。

あとはC5～C10セルに、C4セルの数式をオートフィルなどでコピーすれば、各店舗のスコアに応じた評価が抽出されます(❷)。

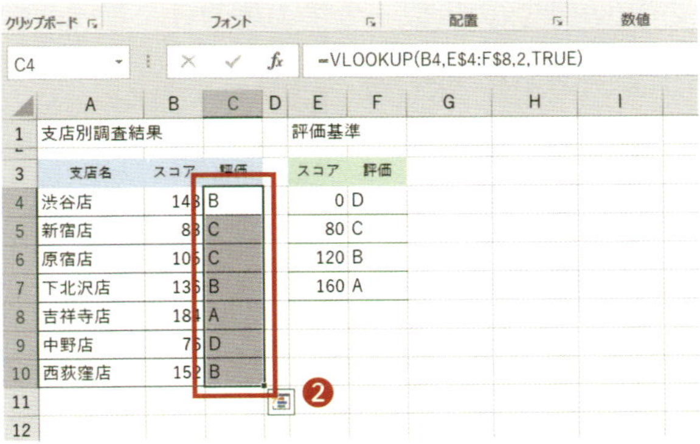

Chapter 05

6 日付・時刻や文字列でも範囲で検索できちゃう

近似一致での検索はアイデア次第でいろいろ使える！

VLOOKUP関数によって数の範囲で検索することは、今回の例のように正の整数でなくとも、小数や負の整数でも可能です。

また、日付・時刻でも同様に範囲で検索できます。たとえば、サービス利用時間帯によって料金が変わるケースなどに利用できます。さらには文字列でも範囲で検索できます。たとえば、氏名のフリガナがあ行、か行、さ行、……で分けたいケースなどに利用できます。

このようにVLOOKUP関数の近似一致での検索は、意外と応用範囲が広く、実は大変便利な機能なのです。

時刻の範囲での検索の例

C4　=VLOOKUP(B4,E$4:F$6,2,TRUE)

	A	B	C	D	E	F
1	予約				料金表	
3	顧客名	予約時刻	料金		時刻	料金
4	櫻井 仁	13:30	¥5,000		7:00	¥7,000
5	山中裕紀子	10:00	¥5,000		10:00	¥5,000
6	清水知子	23:00	¥8,000		22:00	¥8,000
7	岡本浩治	16:00	¥5,000			
8	恵良孝信	7:30	¥7,000			

C4セルには
この数式を入力

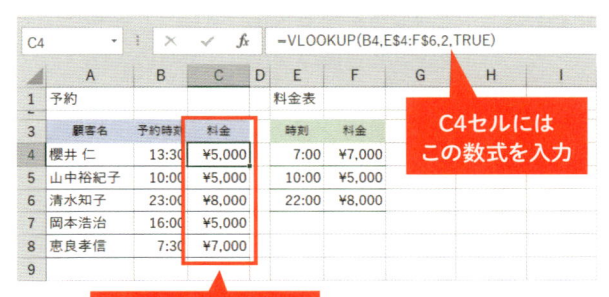

B列の予約時刻に
該当する料金を抽出

文字列の範囲での検索の例

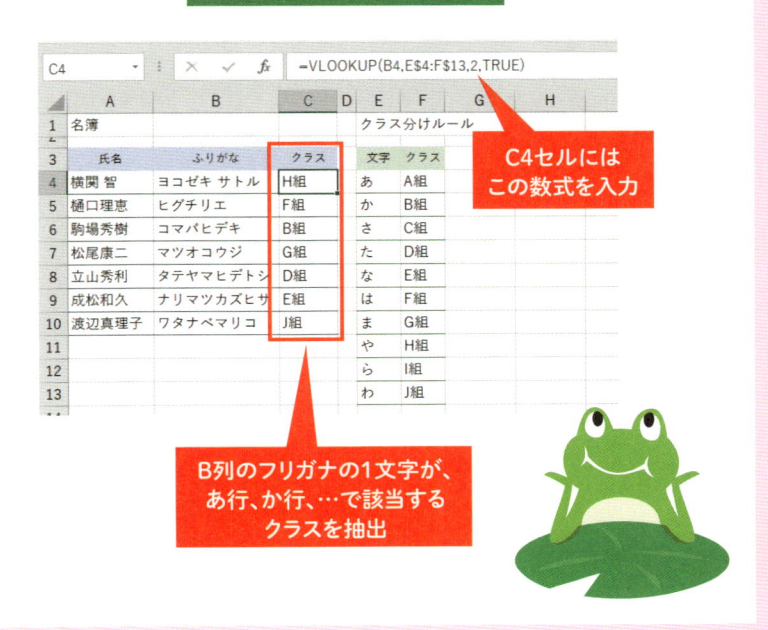

C4　=VLOOKUP(B4,E$4:F$13,2,TRUE)

	A	B	C	D	E	F
1	名簿				クラス分けルール	
3	氏名	ふりがな	クラス		文字	クラス
4	横関 智	ヨコゼキ サトル	H組		あ	A組
5	樋口理恵	ヒグチリエ	F組		か	B組
6	駒場秀樹	コマバヒデキ	B組		さ	C組
7	松尾康二	マツオコウジ	G組		た	D組
8	立山秀利	タテヤマヒデトシ	D組		な	E組
9	成松和久	ナリマツカズヒサ	E組		は	F組
10	渡辺真理子	ワタナベマリコ	J組		ま	G組
11					や	H組
12					ら	I組
13					わ	J組

C4セルには
この数式を入力

B列のフリガナの1文字が、
あ行、か行、…で該当する
クラスを抽出

Column

抽出元の表で検索値が昇順でないとどうなる？

本章では、VLOOKUP関数の近似一致によって数の範囲で検索する際、抽出元の表の1列目にある検索対象の列では、データが昇順に並んでいることが必須条件であると解説しました。もし、昇順で並んでいないと、どうなるでしょうか？

たとえば次の画面のように、本章のサンプル「支店別調査結果.xlsx」の抽出元の表の1列目（E4～E7セル）のデータが昇順ではないとします。すると、C列では評価を正しく抽出できなくなります。

E4～E7セルのデータが昇順ではない

	A	B	C	D	E	F	G	H	I
1	支店別調査結果				評価基準				
3	支店名	スコア	評価		スコア	評価			
4	渋谷店	148	D		120	B			
5	新宿店	83	#N/A		0	D			
6	原宿店	105	#N/A		160	A			
7	下北沢店	136	D		80	C			
8	吉祥寺店	184	C						
9	中野店	76	#N/A						
10	西荻窪店	152	D						
11									
12									
13									

たとえばC4セルの場合、B4セルのスコアは148であり、120以上160未満なので、本来はBの評価となるのですが、Dとなってしまっています。これはE5セルの0が検索されてしまった結果になります。また、C列の値がE4セルの120未満なら、どの値も検索されなくなり、すべて#N/Aエラーとなっています。

このように近似一致で検索する場合、抽出元の表の1列目が昇順で並んでいないと、意図通りの結果が得られないので、必ず昇順に並べておくよう注意しましょう。

Chapter

06

知っておくと便利なワザ

Chapter 06

1 抽出元の表のデータ増減に自動対応　その①

データの増減にラクに対応できたらいいのに！

本章では、VLOOKUP関数を利用するにあたり、知っておくと便利なワザの数々を紹介していきます。本節と次節では解説用のサンプルは、再び「売上管理.xlsx」を主に用いるとします。

本節と次節では、抽出元の表のデータ増減に自動対応する方法を解説します。

・商品増への対応はこれでもいいけど……

ここで「売上管理.xlsx」で、商品がひとつ追加されたとします。それを受け、抽出元の表である商品一覧の表に、次のデータを1件追加するとします。

- 商品コード　B003
- 商品名　コッペパン
- 単価　¥250

上記データをワークシート「商品一覧」の8行目に追加したとします（❶）。

8行目に追加

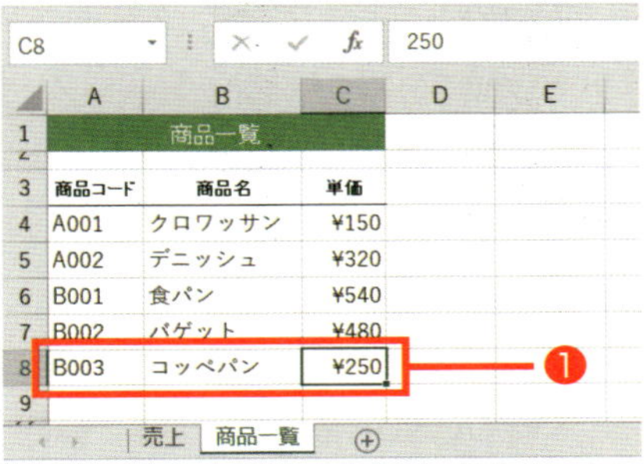

C8
250
A
B
C
D
E
商品一覧
商品コード
商品名
単価
A001
クロワッサン
¥150
A002
デニッシュ
¥320
B001
食パン
¥540
B002
バゲット
¥480
B003
コッペパン
¥250
❶
売上
商品一覧

さて、ワークシート「売上」にある売上の表のC列「商品名」とD列「単価」の各セルでは、新たな商品のコッペパンをVLOOKUP関数で抽出可能するには、数式をどのように変更すればよいでしょうか？

商品一覧の表に新たなデータを1件追加したことで、抽出元の表のセル範囲は1行増えたことになります。そのため、抽出先である売上の表のVLOOKUP関数では、引数「範囲」に指定している抽出元の表のセル範囲を、現在のA4～C7セルから、1行増えたA4～C8セルに変更する必要があります。たとえばC列「商品名」の先頭行であるC4セルなら、次のように変更します。

変更前

```
=VLOOKUP($B4,商品一覧!$A$4:$C$7,2,FALSE)
```

↓

変更後

```
=VLOOKUP($B4,商品一覧!$A$4:$C$8,2,FALSE)
```

商品一覧の表のセル範囲の終点セルをC7セルから、1行下のC8セルに変更しています。商品がひとつ増えたので、商品一覧の表のセル範囲も1行増やしたわけです。これで新たな商品もVLOOKUP関数で抽出できるようになります。一方、同じ行のD列「単価」のD4セルも同様に、VLOOKUP関数の引数「範囲」を1行増やすよう変更する必要があります。

このように新たな商品が追加され、商品一覧の表の最終行が増えていくに従い、VLOOKUP関数の引数「範囲」もそれに合わせて、終点セルの行番号を増やしていけばよいことになります。

さて、確かにこのように、抽出元の表にデータが追加されたら、VLOOKUP関数の引数「範囲」の終点セルの行番号を増やせばよいのですが、抽出元の表にデータが追加される度に、いちいち引数「範囲」を変更するのは手間がかかります。しかも、変更ミスの恐れも常につきまとうでしょう。

データが減るケースへの対応は？

逆に抽出元の表のデータが減った場合はどうでしょうか？　原則、引数「範囲」を行方向に減らすことになりますが、実際は減らさなくても、減ったデータが検索されなくなるだけで、残りのデータはちゃんと検索されるため、実用上は問題ありません。

・抽出元の表の増加に自動対応

前述のような抽出元の表にデータが追加された際の問題を解決する方法をこれから紹介します。抽出元の表の行の増加に自動対応する方法になります。自動対応する方法は大きく分けて2通りあります。本節では1つ目の方法を取り上げます。2つ目の方法は次節で取り上げます。

1つ目の方法は、抽出元の表を列全体で指定する方法です。セル参照では、通常のセル範囲に加え、列全体を指定することも可能です。列全体を指定すると、その列のすべての行のセルが参照する範囲に含まれることになります。

そのため、VLOOKUP関数の引数「範囲」で抽出元の表を列全体で指定すると、すべての行のセルが範囲に含まれるようになります。よって、抽出元の表のデータがいくら増えようと、終点セルの行番号を増やす必要は一切なくなり、自動対応が可能になるのです。

列全体を指定するには、列番号のみを記述します。単一のセルを指定する場合、たとえばA1セルなら「A1」と記述しますが、A列全体なら「A」と列番号のみ記述します。複数の列に渡るなら、列番号のみを「:」で結んで記述します。たとえばA～D列なら「A:D」と記述します。

以上を踏まえ、売上の表のC4セルのVLOOKUP関数を、抽出元の表の増加に自動対応できるよう書き換えてみましょう。

従来は引数「範囲」は「商品一覧!$A$4:$C$8」と、始点セルがA4セル、終点セルがC8セルのかたちで指定していました。これをA～C列全体となるよう、行番号の部分を削除し、列番号のみに変更してやればよいことになります（❷）。

変更前

=VLOOKUP($B4,商品一覧!$A$4:$C$8,2,FALSE)

変更後

=VLOOKUP($B4,商品一覧!$A:$C,2,FALSE)

引数「範囲」をA～C列全体となるようにする

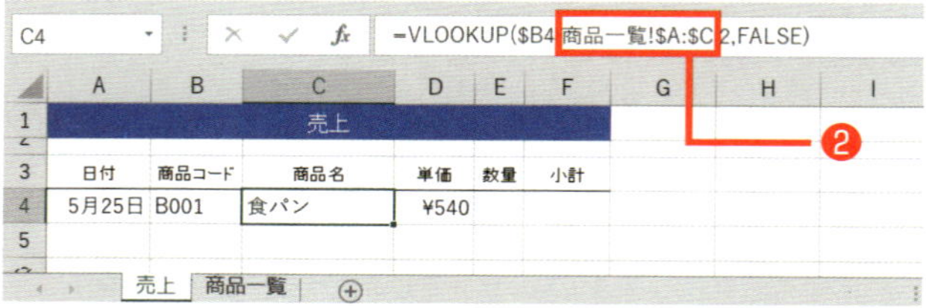

D4セルのVLOOKUP関数も同様に、引数「範囲」がA～C列全体を指定するよう、「商品一覧!$A:$C」に変更しましょう。

これで抽出元の表の増加に自動対応できるようになりました。さっそく、本節冒頭で抽出元の表に新たに追加したデータが抽出できるか試してみましょう。追加したデータの商品コードは「B003」です。このデータをB4セルに入力すると（❸）、C4セルには該当する商品名「コッペパン」（❹）、D4セルには「単価250」（❺）が意図通り抽出されます。

追加した商品にも対応できた！

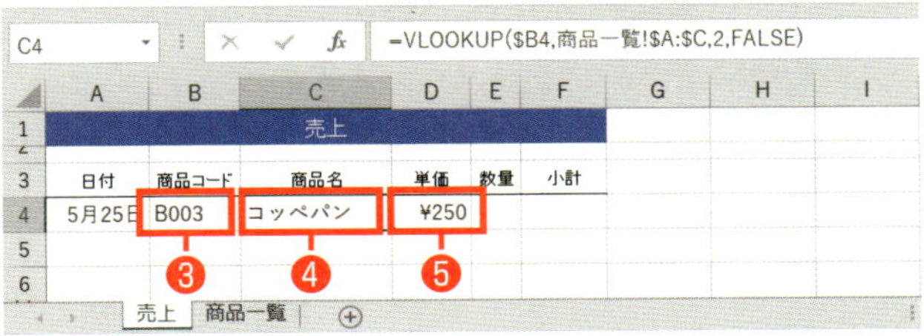

以降、商品一覧の表にさらにデータが追加されても、売上の表のC列「商品名」およびD列「単価」のVLOOKUP関数は引数「範囲」をはじめ、数式を変更する必要は一切ありません。変更の手間はゼロになり、ミスの恐れもなくなりました。

・抽出元の表の列見出しを含めても大丈夫？

本節で紹介した列全体で指定する方法では、抽出元の表のデータ部分のみならず、見出しのセルおよび表タイトルのセルまで含まれる結果となります。本節のサンプルなら、ワークシート「商品一覧」の3行目の見出しと1行目の表タイトルのセルまで、抽出元の表に含まれます。なお、1行目はA1～C1セルが結合してあるため、表タイトルはA1セルの位置に表示されていませんが、データはA1に入力してあります。

VLOOKUP関数では検索は抽出元の表の1列目で行われるのでした。商品一覧の表の1列目であるA列では、見出しのA3セルや表タイトルのA1セルまで検索対象に含まれることになりますが、問題ないのでしょうか？　画面の結果だけ見ると、問題ないように思えますが…

問題なく検索できたのは、列見出しの文言「商品コード」および表タイトルの文言「商品一覧」が、本来検索したい商品コードと全くカブらないからです。商品コードは「A001」など、アルファベット1文字＋3桁の数という構成の文字列になっています。そのような文字列を検索するため、文言「商品コード」や文言「商品一覧」が検索されてしまうことはありえないため、問題なく検索できたのでした。

このことは言い換えると、もし、抽出元の表の1列目の列見出しのセルや表タイトルのセルのデータが検索されてしまうようなものなら、抽出元の表を列全体で指定する方法は不適切となります。そのようなケースでは、次節で解説する方法を用います。

引数「範囲」を列全体で指定するなら、ここに注意！

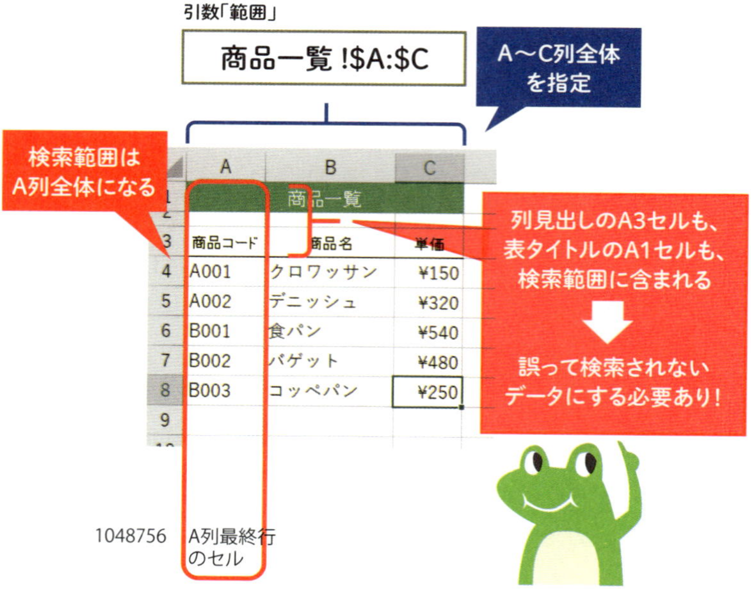

Chapter 06

2

抽出元の表のデータ増減に自動対応　その②

セル範囲を自動で取得する！

抽出元の表の増加に自動対応する２つ目の方法は、セル範囲を自動で取得する方法です。

「売上管理.xlsx」では、抽出元の表は商品一覧の表であり、そのセル範囲の列はA～C列です。開始行は常に4行目であり、それらは常に同じです。一方、最終行だけはデータの件数に応じて変わるものです。よって、最終行さえわかれば、抽出元の表のセル範囲を自動で取得できることになります。

以上の考え方にもとづき、商品一覧の表のセル範囲を自動取得する数式を組み立て、VLOOKUP関数の引数「範囲」に指定します。自動取得する数式はOFFSET関数とCOUNTA関数を組み合わせて作成します。まずは両関数の基本的な使い方を解説します。

・OFFSET関数はこう使う

OFFSET関数は指定したセルを基準に、指定した行数および列数だけ移動したセルを取得する関数です。さらに高さと幅を指定すると、セル範囲を取得できます。つまり、指定したセルから指定した行および列だけ離れたセルを左上として、指定した高さおよび幅のセル範囲を取得できます。

書式

OFFSET(参照,行数,列数,高さ,幅)

参照:基準のセル、**行数**:移動する行数、**列数**:移動する列数、**高さ**:セル範囲の高さ、**幅**:セル範囲の幅

たとえば、A4セルを基準に1行2列離れたセルを左上として、高さ2行、幅3列のセル範囲を取得するには、次のように記述します。

```
OFFSET(A4,1,2,2,3)
```

A4セルから1行2列離れたセルはC5セルです。C5セルを左上として、高さ2行、幅3列のセル範囲はC5～E6セルです。よって、「OFFSET(A4,1,2,2,3)」はC5～E6セルを取得します。

図解！ OFFSET関数

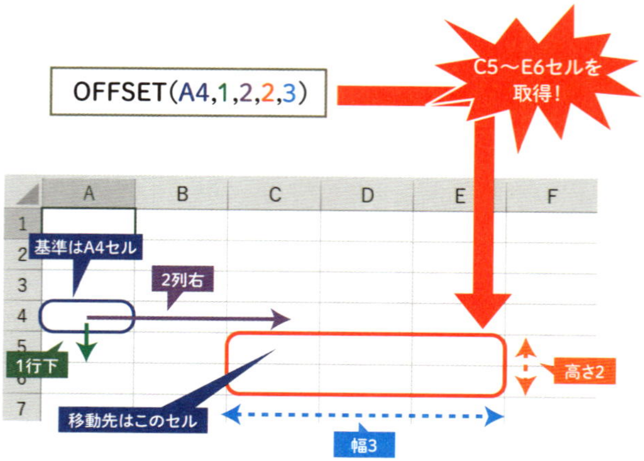

・COUNTA関数はこう使う

COUNTA関数は、指定したセル範囲でデータが入っているセルの数を返す関数です。

書式

COUNTA(値)

値：目的のセル範囲

たとえば、A1～B5セルに次の画面のようにデータが入っているとします。そして、D1セルにCOUNTA関数を次のように入力したとします。

```
=COUNTA(A1:B5)
```

引数「値」にはA1～B5セルを指定しています。このセル範囲でデータが入っているのはA1セル、A3～A4セル、B2セル、B5セルの計5つです。したがって、COUNTA関数は5を返し、D1セルには5が表示されることになります（❶）。

D1にはデータが入っているセル数が表示される！

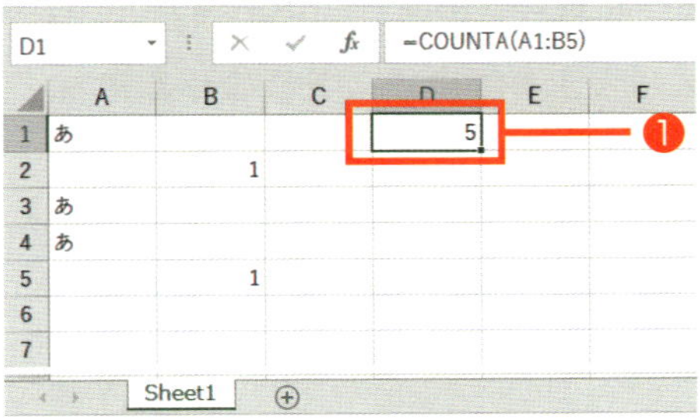

・2つの関数で抽出元の表を自動取得

OFFSET関数とCOUNTA関数の基本的な使い方を学んだところで、「売上管理.xlsx」で、抽出元の表である商品一覧の表のセル範囲を自動で取得する方法を解説します。

セル範囲取得の核となるのはOFFSET関数です。引数「参照」には、取得したいセル範囲の左上に位置するセルを指定します。今回、商品一覧の表の見出し行（3行目）から下（4行目以降）のセル範囲を取得したいとします。商品一覧の表はA～C列にあります。よって、目的のセル範囲で左上に位置するセルは、ワークシート「商品一覧」のA4セルとなります。

引数「行数」と「列数」はともに0を指定します。引数「参照」はワークシート「商品一覧」のA4セルなので、そのセルから0行0列離れたセルとは、一切移動しないため、そのA4セル自身になります。これら3つの引数までで、取得したいセル範囲の左上に位置するセルを指定したことになります。

あとは商品一覧の表のセル範囲になるよう、引数「高さ」と引数「幅」を指定します。引数「高さ」は商品のデータ数に応じて変わる値を指定しなければなりません。具体的にどう指定すればよいかは、この後すぐに解説するので、ひとまず保留とします。

引数「幅」は、商品一覧の表は前述の通りA～C列にあるので、3列ぶんの3を指定すればよいことになります。

ここまで考えた結果をまとめると下記になります。引数「高さ」のみ未指定です。引数「参照」はこのあと他のセルにコピーすることを視野に入れ、絶対参照で指定します。

```
OFFSET(商品一覧!$A$4,0,0,<高さ>,3)
```

引数「高さ」の指定にはCOUNTA関数を利用します。引数「高さ」に指定したいのは、商品一覧の表のデータの行数です。その値をCOUNTA関数で取得します。

行数は、データが入力されているセルが何行あるかがわかれば取得できます。そのためには、指定した1つの列で、データが入力されているセルの数を数えればよいことになります。今回はA列で数えるとします。COUNTA関数の引数「値」に、ワークシート「商品一覧」のA列全体を指定します。

```
COUNTA(商品一覧!$A:$A)
```

今回は商品一覧の表の見出し行から下——つまり4行目以降の行数を求めたいのでした。A列の4行目以前には、A3セルの列見出し「商品コード」、および1行目の表タイトル「商品一覧」という2つのセルがあります。前節でも触れましたが、1行目は表タイトルの文言はA1に入力してあり、A1～C1セルが結合してあります。

4行目以降の行数を求めるには、A列の4行目以前にある2つのセルのぶんを引いてやらなければなりません。これで、商品一覧の表のデータの行数を求めることができました。

```
COUNTA(商品一覧!$A:$A)-2
```

このCOUNTA関数の数式を、最初に考えたOFFSET関数の数式の引数「高さ」に指定します。すると、次のようになります。この数式によって、商品一覧の表のセル範囲を自動で取得できます。

```
OFFSET(商品一覧!$A$4,0,0, COUNTA(商品一覧!$A:$A)-2,3)
```

商品一覧の表のセル範囲を自動で取得する仕組み

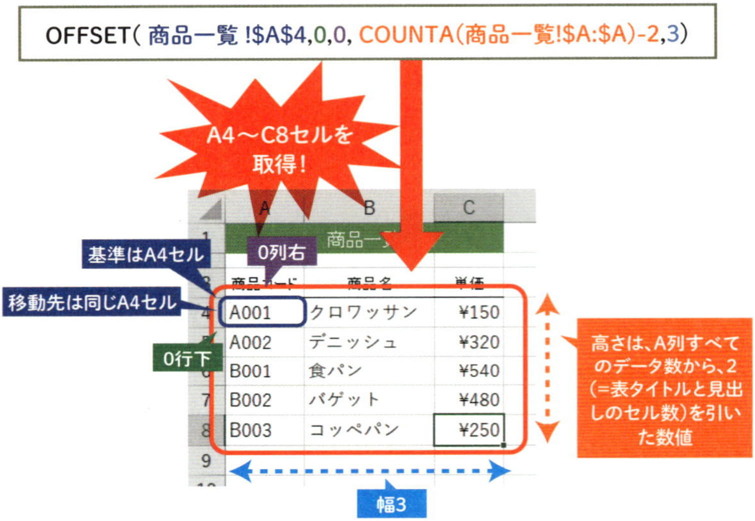

なお、今回は商品一覧の表の4行目以降の行数を求めるのにA列を利用しましたが、B列でもC列でも構いません。その際、B列もC列も表タイトルがないので、COUNTA関数から引く数値は1になります。

商品一覧の表のセル範囲を自動で取得する数式がわかったところで、売上の表のVLOOKUP関数の引数「範囲」を変更しましょう。C列「商品名」の先頭行であるC4セルなら、次のように変更します。

変更前

```
=VLOOKUP($B4,商品一覧!$A$4:$C$8,2,FALSE)
```

↓

変更後

```
=VLOOKUP($B4,OFFSET(商品一覧!$A$4,0,0,COUNTA
(商品一覧!$A:$A)-2,3),2,FALSE)
```

単価のD4セルも同様に引数「範囲」を変更します。

変更前

```
=VLOOKUP($B4,商品一覧!$A$4:$C$8,3,FALSE)
```

↓

変更後

```
=VLOOKUP($B4,OFFSET(商品一覧!$A$4,0,0,COUNTA
(商品一覧!$A:$A)-2,3),3,FALSE)
```

これで抽出元の表の増加に自動対応できるようになりました。商品一覧の表に追加したデータの商品コード「B003」を売上の表のB4セル（❷）に入力すると、C4セル（❸）には「コッペパン」、D4セル（❹）には「¥250」が意図通り抽出されます。

意図通り抽出された！

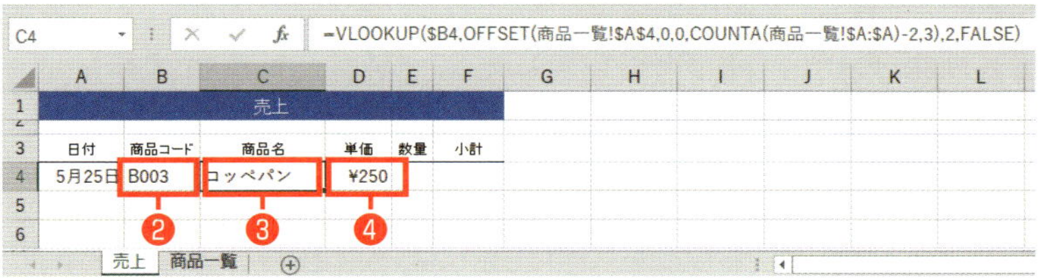

・2つの方法はどう使い分ける？

前節と本節にて、抽出元の表の増加に自動対応できる方法を2通り紹介しました。本節の方法はOFFSET関数とCOUNTA関数を組み合わせるなど、前節の方法よりも複雑と言えます。両者の使い分けですが、前節の最後に解説した内容のおさらいを兼ねて、改めて解説します。

いずれの方法を使うかは、抽出元の表の1列目のデータの状況によって変わります。前節の列全体を指定する方法は、列見出しや表タイトルなどのセルもあわせ、1列目のすべての行を含みます。それに対して本節のセル範囲を自動で取得する方法は、見出し行から下のセルだけを検索対象に限定できます。

もし、1列目の列見出しのセル（1列目の見出し行のセル）のデータが、VLOOKUP関数の検索でヒットしてしまうような文言や数値なら、1列目のすべての行が検索対象だと、見出しのセルが検索されてしまうため、適切に検索できなくなります。また、誤って検索されてしまう表タイトルが1列目にある場合も同様です。

そのような場合では、本節の方法を用いましょう。逆に1列目の見出し行のセルや表タイトルのデータが誤って検索されてしまう心配がなければ、前節の方法でも本節の方法でも構いません。

・列全体の参照はここに注意

また、前節と本節の方法でひとつ注意が必要なのが、実は**列全体を参照することは、コンピューターにそれなりの負荷がかかる処理**です。特にVLOOKUP関数を入力するセルの数が多いなど、ブック/ワークシートの構成によっては、たとえばあるひとつのセルのデータを変更したら、再計算によって操作できない時間がしばらく続くなど、動作速度に悪影響を及ぼす恐れがあります。

もし動作速度が低下したら、まずは6-9節で紹介する高速化の方法を試してください。それでも改善されなければ、列全体ではなく、ある程度行を絞り込んで指定する方法に変更しましょう。前節の例なら、商品一覧の表のA～C列のすべての行ではなく、たとえば「商品の種類はどんなに多くても300種類」という前提なら、引数「範囲」には300行ぶんのセル範囲のみを指定します。そうすれば、列全体を指定することによる動作速度低下を解消しつつ、300種類（厳密には、300行から列見出し行までの3行ぶんを除いた297種類）までなら商品が増えても自動対応可能となります。また、本節の例なら、COUNTA関数の引数「値」をA列全体ではなく、300行ぶんに絞って指定します。

実は列全体の参照は負荷が高い

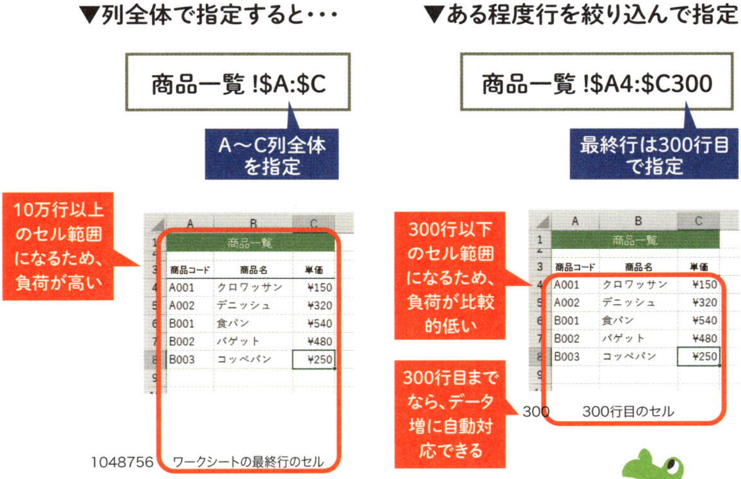

Chapter 06

3 あらかじめ入力した際のエラーを消したい

エラー表示が気になる！

VLOOKUP関数でよくある要望のひとつが、「あらかじめ入力しておきたい」です。たとえば本書サンプル「売上管理.xlsx」なら、商品が売れる度に、売上の表（ワークシート「売上」）のC列「商品名」とD列「単価」のセルにVLOOKUP関数を毎回いちいち入力するのは煩わしいもの。VLOOKUP関数をあらかじめ何行ぶんか入力しておけば、そのような煩わしさは解消できるでしょう。

VLOOKUP関数をあらかじめ入力するだけなら、オートフィルなどでコピーしておけば済みそうですが、実際にやってみるとある問題に直面します。本節では、その問題に対処する方法を紹介します。

・あらかじめ入力したら#N/Aエラーに！

ここで、売上の表のC列とD列で10行目まで、VLOOKUP関数をあらかじめ入力しておきたいとします。以降、本節で解説に用いるサンプル「売上管理.xlsx」は、Chapter05終了時点のものとします。現時点では、売上データの最初の行である4行目のC4セルとD4セルのみ、VLOOKUP関数が入力してある状態です。

さて、このC4セルとD4セルをオートフィルなどで10行目（C10とD10セル）までコピーするとどうなるでしょうか？　実際にコピーした結果が次の画面です。

実際にコピーすると…

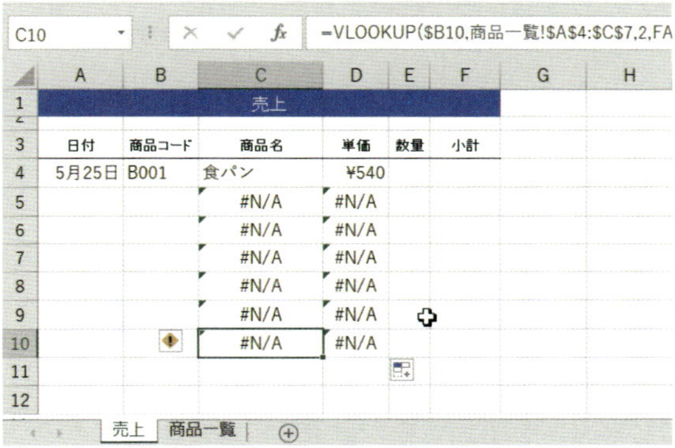

このようにコピーしたすべてのセル（C5～D10セル）が#N/Aエラーとなってしまいました。一体なぜでしょうか？　#N/Aエラーは3-5節でも解説した通り、参照や検索をした値が見つからないという意味のエラーです。上記画面の場合は、VLOOKUP関数で検索をした値が見つからないため、#N/Aエラーとなったのでした。

なぜ検索した値が見つからなかったのでしょうか？　コピーしたC5～D10セルでは、同じ行の商品コードで検索されます。たとえばC5セルなら、VLOOKUP関数の引数「検索値」には同じ行でB列にあるB5セルが指定されます。B5セルに入力されている値によって検索が行われます。

しかし、肝心のB5セルには、何のデータも入力されておらず、空のままです。まだ売上が発生していないため、どの商品が売れたかは未確定であり、当然、商品コードもまだ入力できません。

この空であるB5セルによってVLOOKUP関数の検索が行われてしまうため、商品一覧の表の1列目には該当する値が検索しても見つからなかったため、#N/Aエラーになってしまったのでした。B6～B10セルもC5～C10セルも同様の理由で正しく検索できず、#N/Aエラーとなっています。

・IFERROR関数で#N/Aエラーを表示しない

このように、C列とD列にあらかじめVLOOKUP関数を入力しておくと、まだ売上のない行ではB列の商品コードが未入力のため、#N/Aエラーになってしまいます。売上のない行で商品コードが未入力になるのは絶対に避けられないことです。

この場合の適切な対処は、#N/Aを発生しないようにすることではありません。適切な対処は、#N/Aは必ず発生してしまうものとして、もし#N/Aエラーならそれを非表示にすることです。

#N/Aエラーを非表示にするために用いるのが**IFERROR**関数です。エラーが発生した場合としない場合で表示する内容を変えられる関数です。書式は次の通りです。

書式

IFERROR(値, エラーの場合の値)

値：値や数式、**エラーの場合の値**：エラー時に表示する値や数式

引数「値」に目的の値や数式を指定します。その値や数式がエラーでなければ、そのまま表示されます。もしエラーなら、引数「エラーの場合の値」に指定した内容が替わりに表示されます。

本節の例で#N/Aエラーを非表示にするには、このIFERROR関数を使います。どう使うかというと、引数「値」にVLOOKUP関数の数式を指定します。もし、そのVLOOKUP関数が#N/Aエラーでなければ、抽出した結果がそのまま表示されます。

そして、引数「エラーの場合の値」には、空文字列を意味する「""」(ダブルコーテーション2つ)を指定します。もしVLOOKUP関数が#N/Aエラーなら、「""」が表示されます。空文字列なので、セル上には何も表示されません。このような仕組みによって、#N/Aエラーを非表示にできます。

それでは、サンプル「売上管理.xlsx」のC列「商品名」とD列「単価」にて、IFERROR関数を用いて#N/Aエラーを非表示にしてみましょう。まずはC列「商品名」の先頭であるC4セルの数式を変更します。以下のように、既存のVLOOKUP関数の数式をそのままIFERROR関数の引数「値」に指定します。そして、引数「エラーの場合の値」には空の文字列「""」を指定します。

変更前

```
=VLOOKUP($B4,商品一覧!$A$4:$C$8,2,FALSE)
```

変更後

```
=IFERROR(VLOOKUP($B4,商品一覧!$A$4:$C$7,2,FALSE),"")
```

D列「単価」の先頭であるD4セルも同様に変更します。

変更前

```
=VLOOKUP($B4,商品一覧!$A$4:$C$8,3,FALSE)
```

変更後

```
=IFERROR(VLOOKUP($B4,商品一覧!$A$4:$C$7,3,FALSE),"")
```

あとはC4セルおよびD4セルをオートフィルなどで10行目までコピーします。これで、まだ売上がない行でB列の商品コードが未入力の場合、C列とD列の#N/Aエラーを非表示にできました。

#N/Aエラーを非表示にできた！

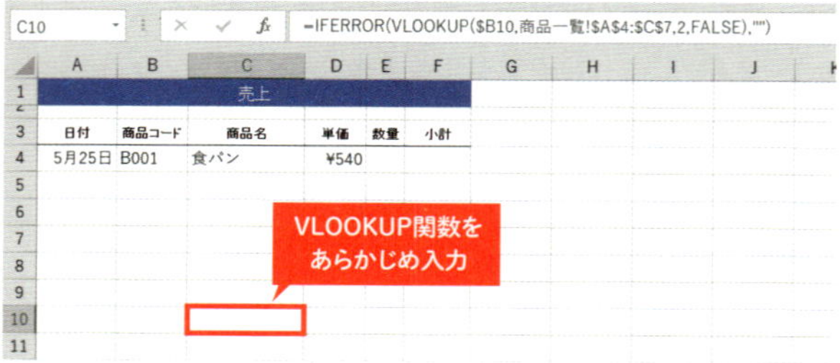

なお、IFERROR関数は#N/A以外のエラーにも対応しています。そのため、C4～D10セルでは、何かしらのエラーが発生した場合でも、エラーを非表示にできます。

また、F列「小計」も、単価×数量の数式をあらかじめ入力したいところです。その場合に生じうる問題とその解決方法は6-4節末コラムで簡単に解説します。

Chapter 06

4

列方向のコピーで引数「列番号」を自動で設定

引数「列番号」をラクに設定したい！

本書ではここまで、あるセルに入力したVLOOKUP関数を他のセルにオートフィルなどで行方向にコピーしてきました。さらなる入力効率化のため、コピーの方向は行方向だけでなく、列方向にもしたくなるものです。

列方向にコピーするとなると、ネックとなるのが引数「列番号」です。この後改めて紹介しますが、引数「列番号」を今まで通りに数値を直接指定すると、列方向にコピーした後、値が希望通りにならず、書き換える作業が必要となります。本節では、列方向のコピーにおいて、引数「列番号」が自動で適切な値に設定され、書き換え作業を不要にできるテクニックを紹介します。

・引数「列番号」はコピーしても変わらない

VLOOKUP関数で抽出元の表からデータを抽出する際、1つの列のみで終わることは比較的少ない傾向があります。たとえば前節までのサンプル「売上管理.xlsx」では、商品一覧の表から商品名と単価という2つの列を抽出しています。

さて、あたりまえのことですが、VLOOKUP関数で複数の列を抽出する場合、抽出先の表にVLOOKUP関数を複数の列に入力することになります。「売上管理.xlsx」なら売上の表のC列「商品名」とD列「単価」の2列に入力します。その際、1つ目のC列にVLOOKUP関数を入力した後、その数式を2列目のD列にコピーし、効率よく入力したくなるものです。

ところが、実際にコピーすると引数「列番号」はコピー元の値が維持されます。たとえば、「売上管理.xlsx」で売上の表で、C列「商品名」の先頭行であるC4セルに、次のVLOOKUP関数の数式を入力したとします（Chapter05終了時点と同じ数式です）。

```
=VLOOKUP($B4,商品一覧!$A$4:$E$7,2,FALSE)
```

この数式を1列右のD4セル（D列「単価」の先頭行）にオートフィルなどでコピーしたとします。すると、D4セルは画面のように、引数「列番号」が同じ2のままなので（❶）、C4セルと同じ商品名のデータが抽出されてしまいます（❷）。

C4セルと同じデータが抽出される！

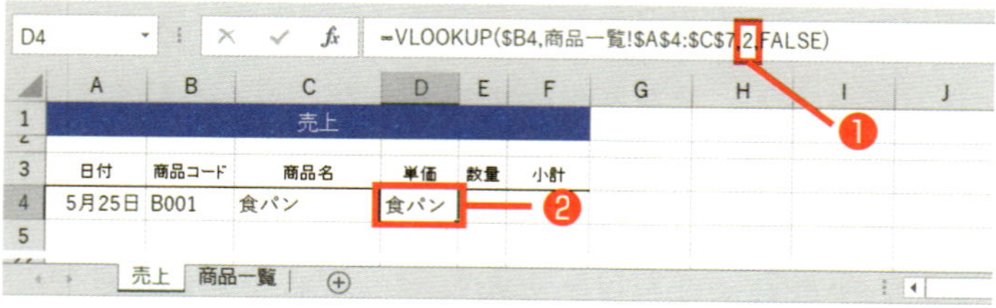

そのため、D4セルにコピーした後、単価のデータを抽出できるよう、引数「列番号」を2から3に書き換えなければならず、手間がかかります。この例のように、1列しかコピーしなければ

ば、引数「列番号」の書き換えは1列ぶんのみで済むものの、もし、何列もコピーするような構成の表のケースでは、引数「列番号」を何列ぶんも書き換えなければなりません。置換機能を利用しても、それなりに手間がかかるうえ、置換ミスの恐れもあります。

・本節で用いるサンプル紹介

それでは、VLOOKUP関数を列方向にコピーしても、引数「列番号」の書き換えを不要するとテクニックを解説していきます。ここからはそのテクニックのメリットをより実感できるよう、別のサンプルを用いるとします。列方向にコピーするセルの数が多いサンプルになります。

ダウンロードファイルのサンプル「売上管理6-4.xlsx」を開いてください。同サンプルはこれまでの「売上管理.xlsx」と同じく、売上データを管理する表です。ワークシートも同じく「商品一覧」と「売上」の2枚です。異なるのは、表の構成です。ワークシート「商品一覧」にある商品一覧の表は、次の5列で構成されます。

・A列「商品コード」
・B列「商品名」
・C列「メーカー」
・D列「単価」
・E列「発売日」

サンプル「売上管理6-4.xlsx」のワークシート「商品一覧」

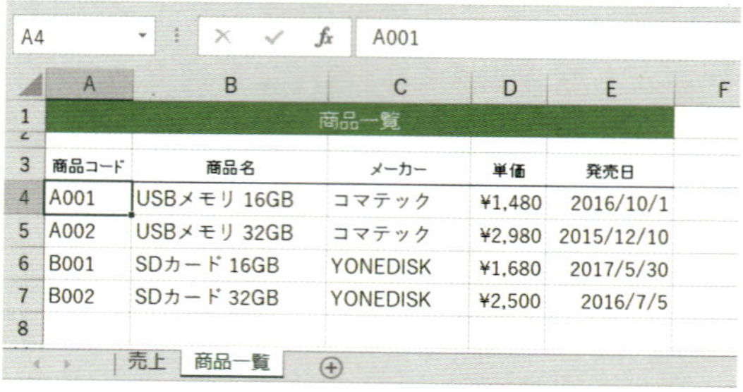

A4 A001

商品コード	商品名	メーカー	単価	発売日
A001	USBメモリ 16GB	コマテック	¥1,480	2016/10/1
A002	USBメモリ 32GB	コマテック	¥2,980	2015/12/10
B001	SDカード 16GB	YONEDISK	¥1,680	2017/5/30
B002	SDカード 32GB	YONEDISK	¥2,500	2016/7/5

一方、ワークシート「売上」にある売上の表は、次の画面の通りです。列は次の通りです。

・A列「日付」
・B列「商品コード」
・C列「商品名」
・D列「メーカー」
・E列「単価」
・F列「発売日」
・G列「数量」
・H列「小計」

サンプル「売上管理6-4.xlsx」のワークシート「売上」

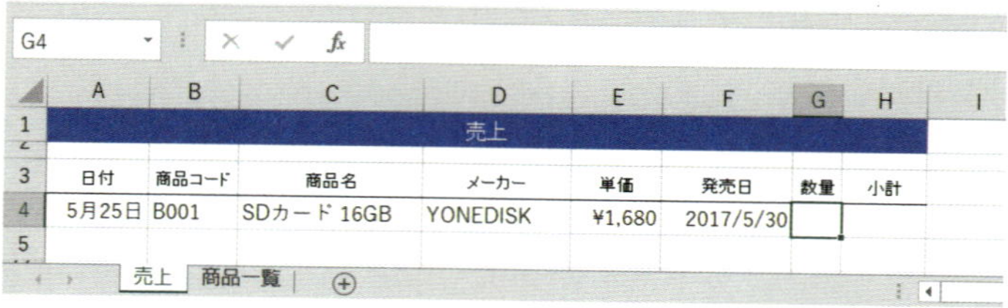

G4

日付	商品コード	商品名	メーカー	単価	発売日	数量	小計
5月25日	B001	SDカード 16GB	YONEDISK	¥1,680	2017/5/30		

これらの列のなかで、C列「商品名」からF列「発売日」の4列のデータは、B列「商品コード」に入力された商品コードに応じて、商品一覧の表からVLOOKUP関数で抽出したいとします。

VLOOKUP関数で抽出する列は前節までのサンプル「売上管理.xlsx」の2列に比べ、本サンプルでは4列に増えています。

・C列のVLOOKUP関数をD～F列にコピーしたいが……

このサンプル「売上管理6-4.xlsx」の売上の表で、C列「商品名」の先頭行であるC4セルについて、B4セルの商品コードに該当する商品名を商品一覧の表から抽出するVLOOKUP関数は次のようになります。P154と全く同じ数式になります（❸）。

```
=VLOOKUP($B4,商品一覧!$A$4:$E$7,2,FALSE)
```

C4セルは前節までと同じ数式！

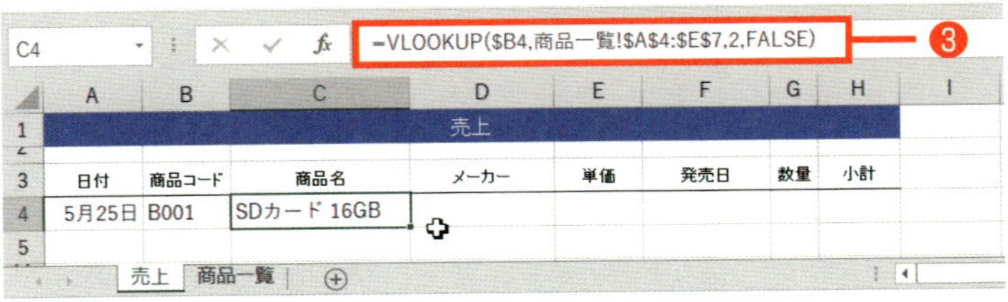

このC4セルのVLOOKUP関数をD4セルからF4セルまで、オートフィルなどでコピーしたらどうなるでしょうか？　実際にコピーしたのが次の画面です。D4セルからF4セルまで、いずれもC4セルと同じ商品名「SDカード 16GB」が抽出されてしまいます。

同じ商品名「SDカード 16GB」が抽出されてしまう！

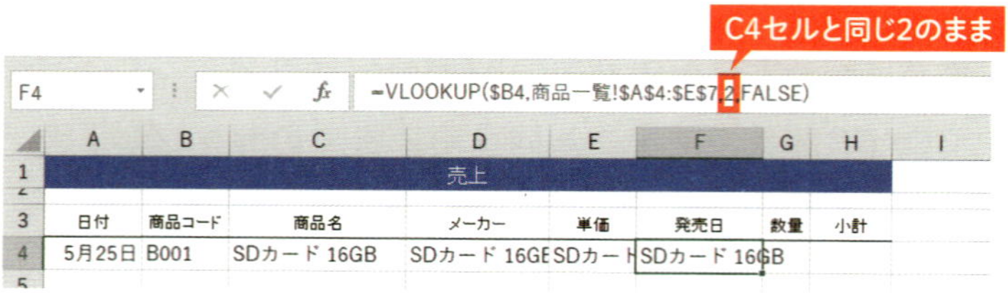

その理由は引数「列番号」です。上記画面ではF4セルを選択しており、コピーされたVLOOKUP関数が数式バーに表示されていますが、引数「列番号」はC4セルと同じ2のままです。そのため、C4セルと同じ商品名のデータが抽出されたのです。

このように引数「列番号」は他のセルへ列方向にコピーした際、自動で変化してくれません。たとえばD4セルならメーカーのデータを抽出したいため、引数「列番号」は3に自動で変化してほしいところですが、2のままです。他にE4セルなら4に、F4セルなら5に引数「列番号」は自動で変化してほしいところですが、いずれも2のままです。

自動で変化してくれるのは、あくまでもセルを参照するためのセル番地のみです。指定した参照方式（Chapter04参照）に応じて、セル番地の行や列が自動で変化します。かたや引数「列番号」に指定しているような単なる数値は、他のセルにコピーしても自動で変化してくれないのです。

そこで、他のセルにコピーしたら、引数「列番号」の数値が適切な数値に自動で変化するよう、数値を直接指定するのではなく、COLUMN関数による数式を指定し、目的の数値を算出するようにします。その具体的な方法を解説する前に、先にCOLUMN関数の基本的な使い方を学びましょう。

・COLUMN関数はこう使う

COLUMN関数は指定したセルの列番号を数値として返す関数です。

書式

COLUMN(参照)

参照：列番号を取得したいセル

ここでいう列番号とは、A列を1とする連番になります。B列なら2、C列なら3、D列なら4……と続きます。

ここで簡単な例をひとつ紹介しましょう。A1セルに次のようなCOLUMN関数の数式を入力したとします。

```
=COLUMN(C4)
```

引数「参照」にはC4セルを指定しています。C列は3列目なので、COLUMN関数によって数値の3が返されます。A1セルにはその3が表示されます。

A1セルに=COLUMN(C4)と入力すると…

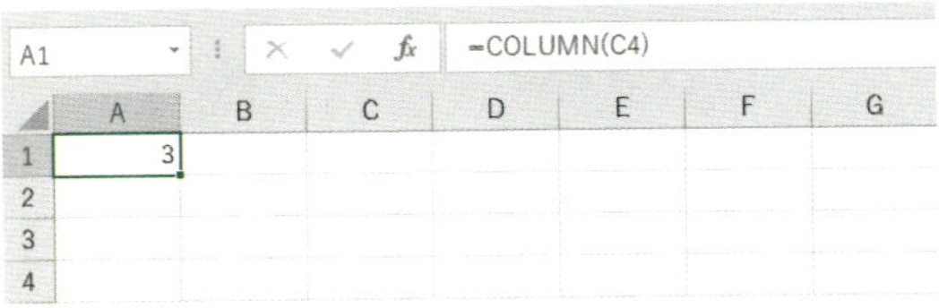

余裕があれば、サンプル「売上管理6-4.xlsx」で、空いている適当なセルで試してみるとよいでしょう

・列の位置関係から列番号を算出

COLUMN関数のキホンを学んだところで、サンプル「売上管理6-4.xlsx」に再び戻り、さっそくVLOOKUP関数の引数「列番号」に使ってみましょう。COLUMN関数を一体どのように使えば、C4セルに入力したVLOOKUP関数をD4～F4セルへ列方向にコピーした際、引数「列番号」の値がD4セルなら3、E4セルなら4、F4セルなら5に自動でなるのでしょうか？

引数「列番号」は基本的に、抽出元の表の何列目を抽出するのか、数値を指定するのでした。その数値をCOLUMN関数で算出するようにします。方法は何通りか考えられますが、今回は売上の表のB列「商品コード」を基準とする方法を用いるとします。B列「商品コード」から何列右なのかの数値を算出します。

まずはC4セルで考えてみましょう。C4セルは商品名のセルであり、抽出元の表の2列目を抽出したいのでした。そのため、C4セルのVLOOKUP関数では前述の通り、引数「列番号」は2を指定しています。

C列はワークシートの3列目であり、B列は2列目です。このことからC列はB列から見ると、「3列目-2列目」で、1列右に位置することがわかります。C列では引数「列番号」は2列右を意味する2を指定したいのでした。よって、「3列目-2列目」に1を足せば、2という数値が得られます。以上まとめると、以下の仕組みの数式を引数「列番号」に指定すればよいとわかります。

C列の列番号-B列の列番号+1

C列とB列の列番号はCOLUMN関数で得られるのでした。上記の列番号2つの部分をCOLUMN関数に置き換えると、次のような数式になります。

```
COLUMN(C4)-COLUMN(B4)+1
```

COLUMN関数の引数「値」には、C4セルとB4セルを指定しています。行番号は4でなくてもよいのですが、C4セルと同じ4行目に揃えています。

引数「列番号」の数値を算出する仕組み

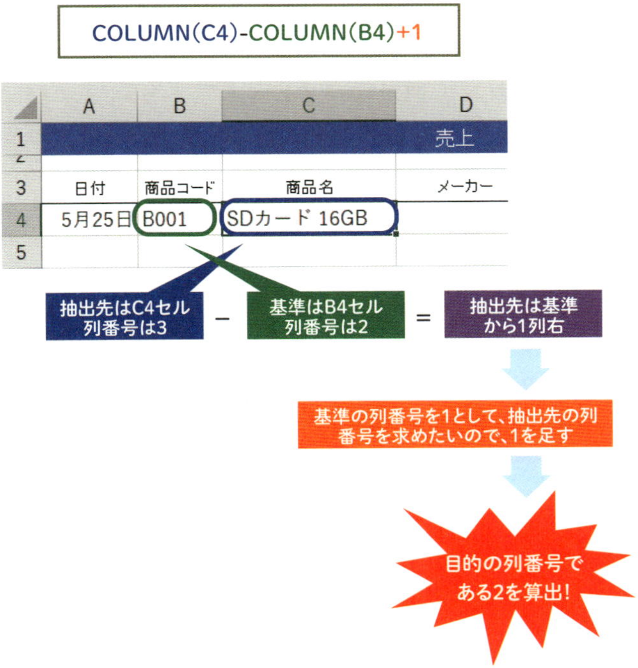

上記の数式をC4セルのVLOOKUP関数の引数「列番号」に指定すればよいのですが、後にD4～F4セルへ列方向にコピーすることも考慮し、もうひと手間加えます。もしD4セルにコピー

した場合、上記数式は「D列の列番号-B列の列番号+1」となるよう、次のように変化してほしいところです。

```
COLUMN(D4)-COLUMN(B4)+1
```

1つ目のCOLUMN関数の引数がC4セルからD4セルに変化しています。B列から見てD列が何列右に位置するかの数値に1を足した数式になります。このようにD4セルへ列方向にコピーしたら、C4セルがD4セルに変化するには、列は固定しないままにする必要があります。

一方、2つ目のCOLUMN関数の引数は、基準となるB4セルで変えたくありません。列方向にコピーしてもB4セルのままにするには、列を固定する必要があります。よって、B列に「$」を付けて固定します。

```
COLUMN(C4)-COLUMN($B4)+1
```

これでC4セルのVLOOKUP関数の引数「列番号」に指定すべき数式がわかりました。さっそく書き換えてみましょう。

変更前

```
=VLOOKUP($B4,商品一覧!$A$4:$E$7,2,FALSE)
```

変更後

```
=VLOOKUP($B4,商品一覧!$A$4:$E$7,COLUMN(C4)-
COLUMN($B4)+1,FALSE)
```

変更し終わると、変更前と同じく、商品名「SDカード16GB」が抽出されます。引数「列番号」を数値の2を直接指定するのではなく、COLUMN関数によって算出するよう変更しましたが、ちゃんと意図通り商品名のデータを抽出できています（❹）。

意図通り商品名のデータを抽出できた！

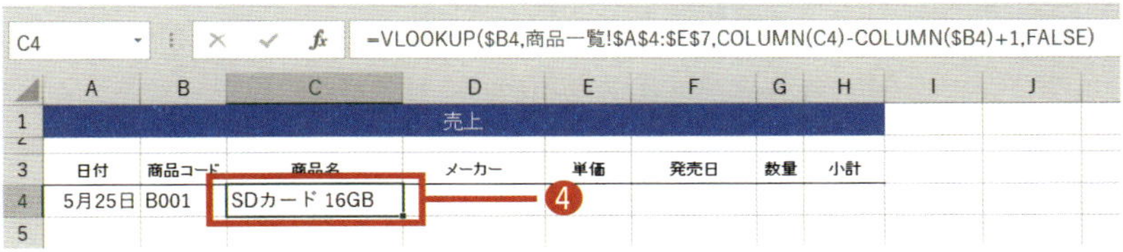

続けて、C4セルをD4～F4セルへコピーしてみましょう。オートフィルを利用するなら、セルの表示形式といった書式までコピーしてしまわないよう、右クリックのオートフィル→［書式なしコピー］でコピーしてください（❺）。

［書式なしコピー］でコピー

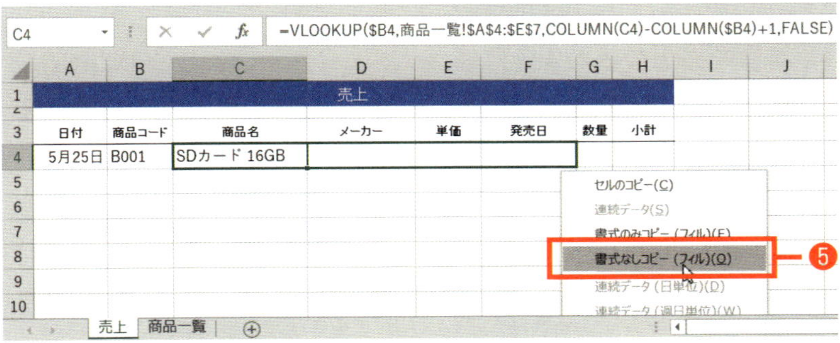

すると、D4～F4セルそれぞれで、意図通り数式がコピーされ（引数「列番号」の1つ目のCOLUMN関数のみ、列が自動で変化）、データが意図通り抽出されることが確認できます。

意図通り抽出された

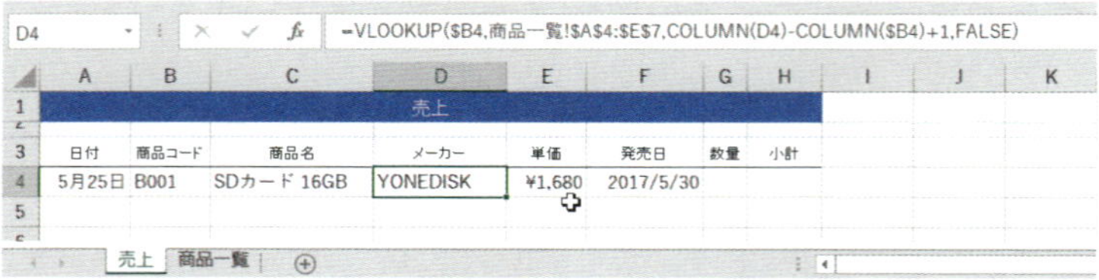

D4セル

```
=VLOOKUP($B4,商品一覧!$A$4:$E$7,COLUMN(D4)-
COLUMN($B4)+1,FALSE)
```

E4セル

```
=VLOOKUP($B4,商品一覧!$A$4:$E$7,COLUMN(E4)-
COLUMN($B4)+1,FALSE)
```

F4セル

```
=VLOOKUP($B4,商品一覧!$A$4:$E$7,COLUMN(F4)-
COLUMN($B4)+1,FALSE)
```

これで売上の表の4行目について、C4セルのVLOOKUP関数の数式をD4～F4セルまで列方向にコピーすれば、引数「列番号」の適切な数値に自動で変化するようになりました。変更前のように、引数「列番号」をあとでいちいち書き換える必要はなくなり、何列にわたってコピーしたい場合でも効率よくコピー可能となりました。

さらにC4～F4セルを5行目以降にオートフィルなどでコピーする場合でも、行は固定しておらず、それぞれのセルで行番号も列番号も適切なかたちで固定または自動で変化してくれるので、あとで書き換えることなく、そのままコピーするだけで済みます。

なお、今回は売上の表のB列「商品コード」を基準としましたが、商品一覧の表のA列「商品コード」を基準とする方法でも構いません。このテクニックを他のブックで利用する際は、どの列を基準とするのかは、列の構成などに応じて適切に決めましょう。

Column

単価×数量の数式もあらかじめ入力したい

6-3節では、C列「商品名」やD列「単価」のVLOOKUP関数をあらかじめ入力しましたが、それらに加え、F列「小計」も数式をあらかじめ入力したくなります。

F列「小計」はD列「単価」とE列「数量」をかけた金額になるので、D列とE列をかけた数式を入力すればよいことになります。たとえばF4セルなら「=D4*E4」です。そして、そのF4セルをオートフィルなどで、F20セルまでコピーしたとします。すると、次の画面のように、E列以前のデータ未入力なら、#VALUEエラーとなってしまいます。

#VALUEエラーとなってしまう

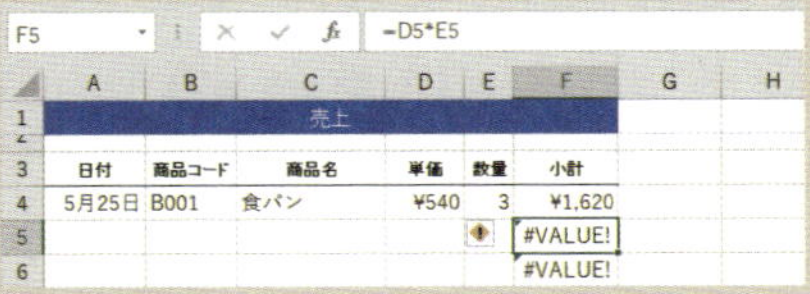

F5　=D5*E5

	A	B	C	D	E	F	G	H
1	売上							
3	日付	商品コード	商品名	単価	数量	小計		
4	5月25日	B001	食パン	¥540	3	¥1,620		
5						#VALUE!		
6						#VALUE!		

このようにVLOOKUP関数を使わない数式でも、あらかじめ入力しておくとエラーになるケースも多々あります。その場合はC列やD列と同じく、IFERROR関数を使えば、エラーなら非表示することが可能になります。たとえばF5セルなら、次の数式を入力します。

```
=IFERROR(D5*E5,"")
```

エラーが表示されなくなった！

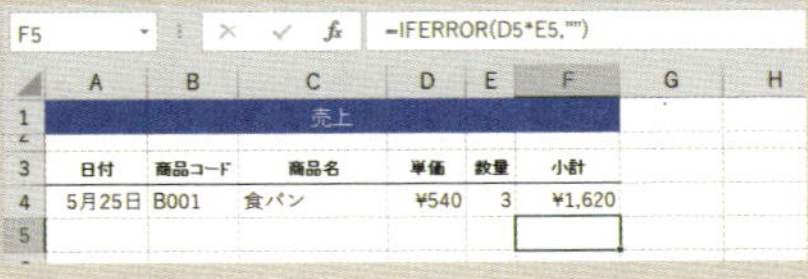

F5　=IFERROR(D5*E5,"")

	A	B	C	D	E	F	G	H
1	売上							
3	日付	商品コード	商品名	単価	数量	小計		
4	5月25日	B001	食パン	¥540	3	¥1,620		
5								

Chapter 06

5

2つの列で検索して抽出したい

複数の列で検索できたらいいのに！

前節までのサンプルでは、データの抽出は商品コードなど、抽出元の表の1列目で行っていました。VLOOKUP関数では抽出元の表の1列目で必ず検索するというルールのため、そのようにしていたのでした。

抽出元の表のなかには、1列目のみで検索するのではなく、1列目と2列目など複数の列で検索したい場合がまれにあります。その場合、VLOOKUP関数のルールに反するため、VLOOKUP関数は使えないように思えますが、ちょっとした工夫で使えるようになります。本節ではその方法を紹介します。

・本節で用いるサンプル紹介

本節では新たなサンプル「売上管理6-5.xlsx」を用いるとします。ダウンロードファイルのサンプル「売上管理6-5.xlsx」を開いてください。同サンプルはこれまでと同じく、売上データを管理する表で、ワークシートも同じく「商品一覧」と「売上」の2枚です。異なるのは、表の構成です。ワークシート「商品一覧」にある商品一覧の表は、次の3列で構成されます。

・B列「産地」
・C列「商品名」
・D列「単価」

「売上管理6-5.xlsx」のワークシート「商品一覧」

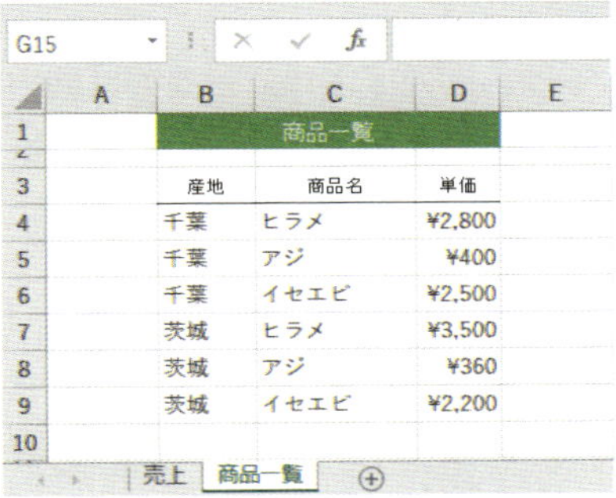

商品一覧		
産地	商品名	単価
千葉	ヒラメ	¥2,800
千葉	アジ	¥400
千葉	イセエビ	¥2,500
茨城	ヒラメ	¥3,500
茨城	アジ	¥360
茨城	イセエビ	¥2,200

商品一覧の表はB列から始まっています。そして、B列「産地」では「千葉」と「茨城」や、C列「商品名」では「ヒラメ」と「アジ」と「イセエビ」という同じデータがあります。同じ商品でも産地が異なれば、単価が異なる表となります。

一方、ワークシート「売上」にある売上の表は、次の画面の通りです。列は次の通りです。

・A列「日付」
・B列「産地」
・C列「商品名」
・D列「単価」
・E列「数量」
・F列「小計」

「売上管理6-5.xlsx」のワークシート「売上」

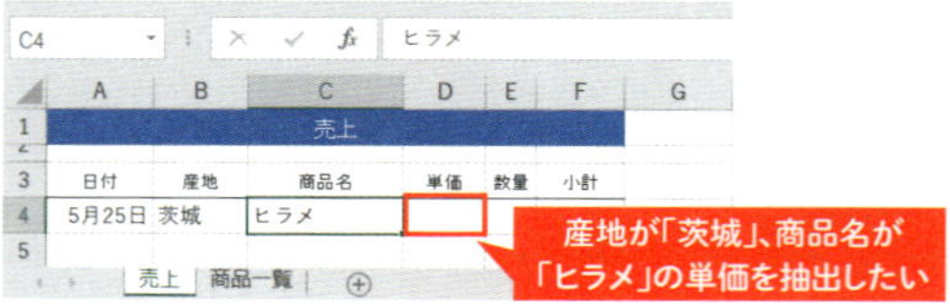

この売上の表では、B列「産地」とC列「商品名」はユーザーが入力します。その産地と商品名に合致する単価を、商品一覧の表からD列「単価」に抽出したいとします。

・2つの列で検索するための一工夫

売上の表のB列「産地」とC列「商品名」という2つの値によって、商品一覧の表から検索し、該当する単価を抽出したいことになります。検索対象の列が2列あるので、通常ならVLOOKUP関数は使えません。また、B列「産地」には「千葉」「茨城」、C列「商品名」には「ヒラメ」「アジ」「イセエビ」という同じデータがあることも、VLOOKUP関数で検索できない要因になります。

このような商品一覧の表でVLOOKUP関数を使えるようにするには、現在空いているA列を活用します。B列「産地」とC列「商品名」の2つのデータを1つにつなぎ合わせたデータをA列に設けるのです。同じ産地と同じ商品名の組み合わせはないので、同じデータは生まれません。この方法なら、検索対象となる列をA列に1列のみ設けられ、かつ、重複するデータがなくなるので、VLOOKUP関数が使えるようになります。

セルのデータの連結は**&演算子**を利用します。たとえばB4セルの産地とC4セルの商品名をA4セルに連結するなら、次の数式をA4セルに入力します（❶）。

```
=B4&C4
```

あとはA5セル以降にコピーすれば（❷）、検索対象となる列は完成です。

&演算子でB4セルの産地とC4セルの商品名を連結

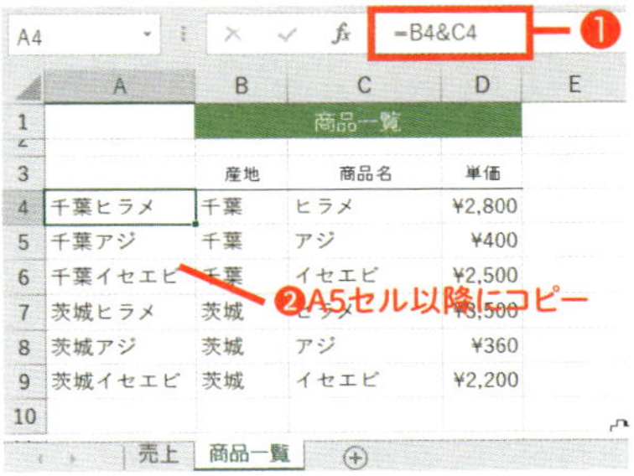

検索対象の列をA列に新たに設ける

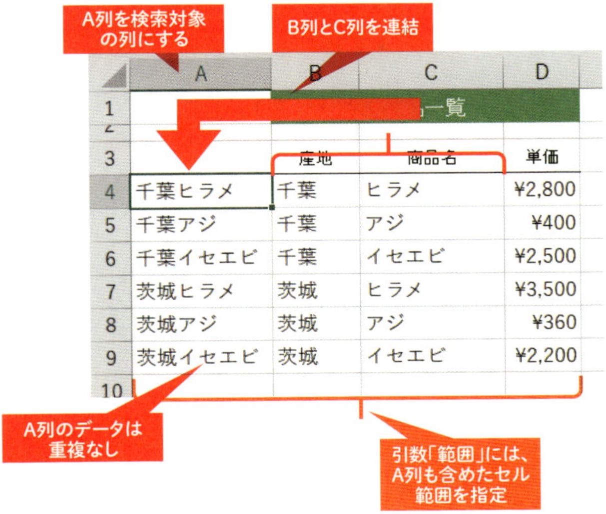

・B列とC列を連結した値で検索

次に売上の表のD列「単価」へ、B列「産地」とC列「商品名」に入力されたデータから、該当する単価を商品一覧の表から抽出するVLOOKUP関数の数式を入力します。ここでは先頭のD4セルにて、VLOOKUP関数の各引数をどのように指定すればよいか考えていきます。

引数「検索値」は、売上の表のB列「産地」とC列「商品名」を連結した値で検索したいので、&演算子を使って次のように指定します。

```
B4&C4
```

引数「範囲」は、商品一覧の表を新たに設けたA列も含めたかたちで、A列が1列目になるよう指定します。

```
商品一覧!$A$4:$D$9
```

引数「列番号」はD列「単価」を抽出したいので4を指定します。引数「範囲」にはA列も含めたセル範囲を指定しているので、D列「単価」は4列目に該当するからです。引数「検索方法」は完全一致で検索するのでFALSEを指定します。

以上をまとめると、売上の表のD4セルには、次のVLOOKUP関数の数式を入力すればよいとわかります。なお、今回は列方向にコピーしないのですが、列は固定しています。もちろん、固定しなくても問題はありません。

```
=VLOOKUP($B4&$C4,商品一覧!$A$4:$D$9,4,FALSE)
```

上記の数式を売上の表のD4セルに入力すると、B列とC列に入力された産地と商品名のデータから、該当する単価がD4に抽出されることが確認できます。たとえばB4セルに「千葉」

(❸)、C4セルに「ヒラメ」(❹)と入力すると、千葉のヒラメの単価である「¥2,800」が抽出されます(❺)。

意図通りのデータが抽出された！

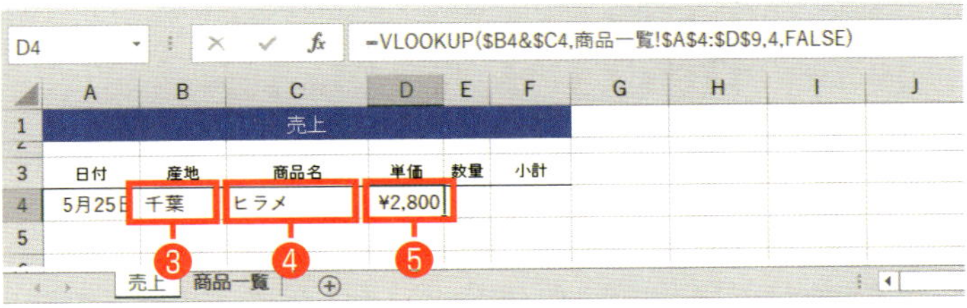

また、C4セルの商品名は同じ「ヒラメ」のまま、B4セルの産地を「茨城」(❻)にすると、意図通り茨城の単価「¥3,500」(❼)が抽出されることも確認できます。

産地を変更しても意図通りのデータが抽出された！

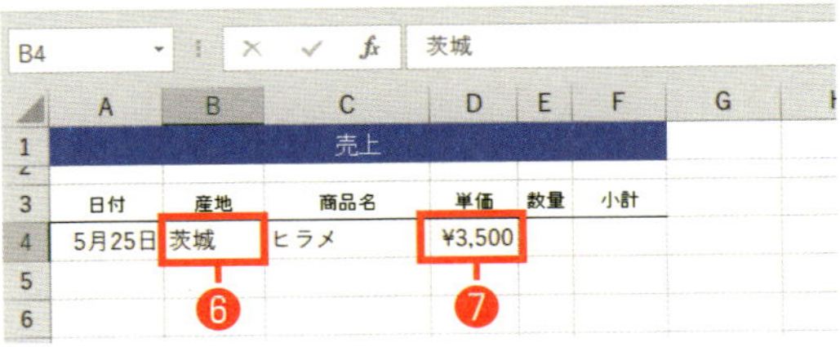

今回のサンプルでは、もともとの抽出元の表がB列から始まっており、A列が空いていたため、A列を活用することができました。もし、抽出元の表の1列目がA列であり、左側に空きの列がない場合は、左側に列を新たに挿入するとよいでしょう。もし、レイアウトの関係などで、どうしても左側に列を新たに挿入できなければ、VLOOKUP関数は使えないので、6-8節で紹介する方法を応用し抽出を行ってください。

Chapter 06

6 抽出元の表を切り替えて抽出するには

複数の抽出元の表を使い分けられたらいいのに！

前節までは、VLOOKUP関数で用いる抽出元の表は1つだけでしたが、場合によっては、複数を切り替えて用いたいケースもあります。本節では、複数の抽出元の表を切り替えて抽出を行う方法を紹介します。

・本節のサンプル紹介

本節では新たなサンプル「売上管理6-6.xlsx」を用いるとします。ダウンロードファイルのサンプル「売上管理6-6.xlsx」を開いてください。同サンプルは前節のサンプル「売上管理6-5.xlsx」と非常に似ています。抽出先の表である売上の表は全く同じです。

「売上管理6-6.xlsx」のワークシート「売上」

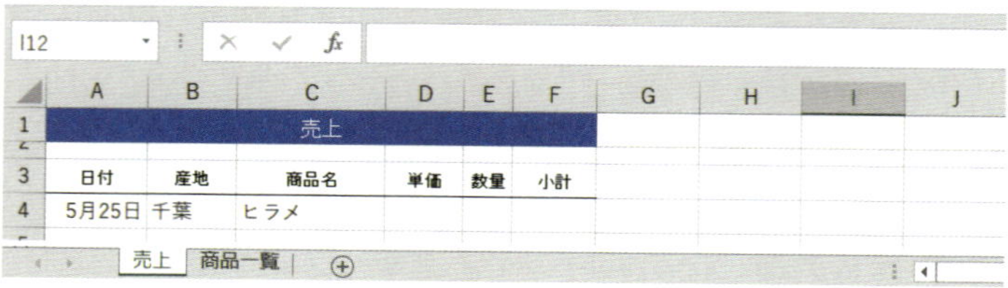

商品一覧の表のデータ自体は前節と同じですが、構成が異なります。次の画面のように、産地ごとに表を分けています。

商品一覧のデータの構成はこんな感じ

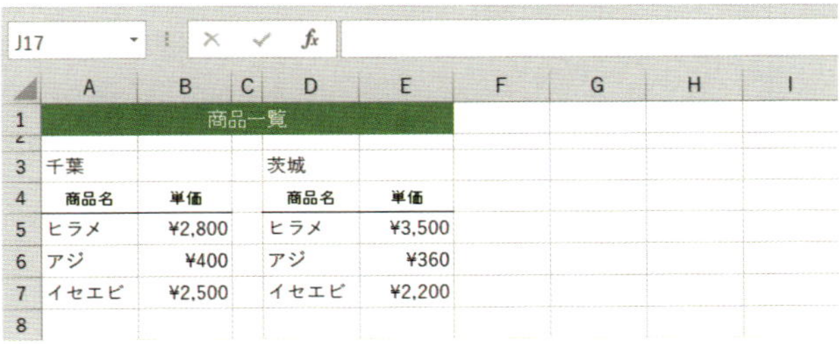

	A	B	C	D	E
1	商品一覧				
3	千葉			茨城	
4	商品名	単価		商品名	単価
5	ヒラメ	¥2,800		ヒラメ	¥3,500
6	アジ	¥400		アジ	¥360
7	イセエビ	¥2,500		イセエビ	¥2,200
8					

産地「千葉」の表がA4～B7セルに、産地「茨城」の表がD4～E7セルに配置された構成になっています。この構成での商品一覧の表を使って、売上の表では前節同様に、B列「産地」とC列「商品名」に入力されたデータから、該当する単価を売上の表のD列「単価」に抽出するにはどうしたらいいでしょうか。

こういった2つの抽出元の表を切り替えて、VLOOKUP関数で抽出するには、「**名前の定義**」機能と**INDIRECT**関数を組み合わせます。最初に、両者の基本的な使い方を解説します。

・2つの表に名前を定義する

「名前の定義」機能とは、セル範囲（単一セルも含む）に任意の名前を付けられる機能です。名前を定義されたセル範囲は、数式内にセル番地でなくとも、定義した名前を記述すれば、そのセル範囲を参照することができます。

それでは、セル範囲に名前を定義する手順の学習を兼ねて、本節のサンプルで、各産地の商品一覧の表にそれぞれ名前を定義してみましょう。定義する名前は千葉の表は「千葉」、茨城の表は「茨城」とします。両者とも、見出し行は除いたセル範囲（A～B列およびD～E列の5～7行目）を定義するとします。

まずは千葉の商品一覧の表から定義します。ワークシート「商品一覧」に切り替え、千葉のデータのセル範囲であるA5～B7セルを選択（❶）してください。その状態で、名前ボックスに「千葉」(❷)と入力し、Enterキーを押してください。

千葉のデータのセル範囲を選択

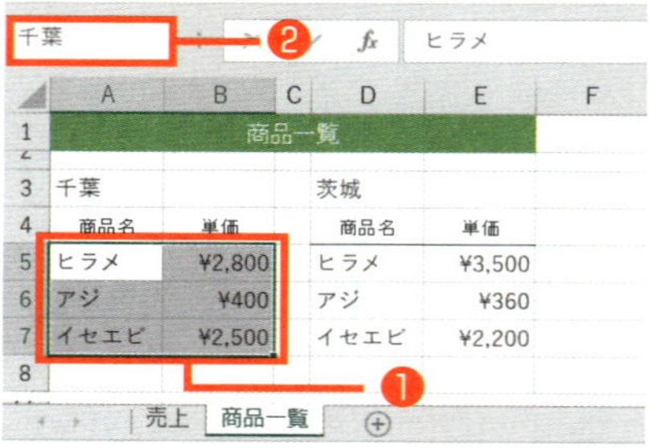

これでワークシート「商品一覧」のA5～B7セルに、「千葉」という名前を定義できました。名前ボックスの右端の［▼］をクリックすると、定義した名前のドロップダウンが表示されます（❸）。［千葉］を選ぶと、そのセル範囲が選択されます（❹）。

「名前の定義」機能で定義した「千葉」のセル範囲を選択できる

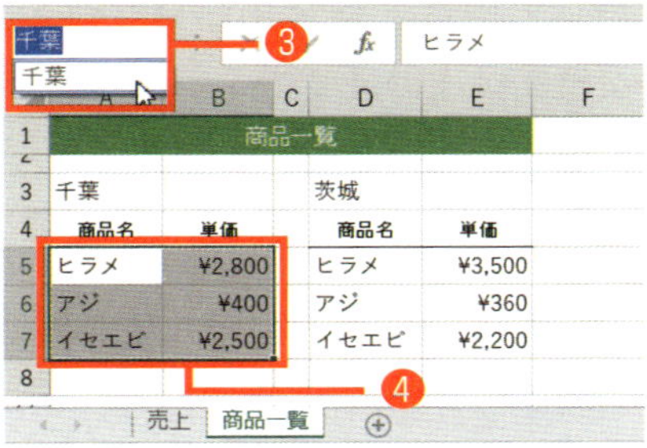

茨城の商品一覧の表についても、データの部分（D5 ～ E7セル）に、「茨城」という名前を定義します。同様の手順で定義してください。

「茨城」も定義

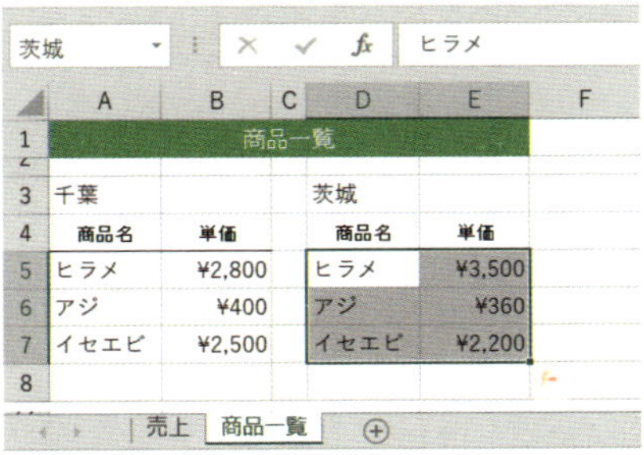

Column

名前の定義を間違えたら、どうすればいい？

定義した名前の編集や削除は、「名前の管理」ダイアログボックスで行えます。同ダイアログボックスを開くには、［数式］タブの［名前の管理］をクリックします。もし、名前の文言やセル範囲などを誤って定義してしまったら、同ダイアログボックスで編集したり、削除した後に再定義したりしましょう。

・INDIRECT関数の基本的な使い方

INDIRECT関数は、引数に指定した文字列への参照を返す関数です。基本的な書式は次の通りです。

書式

INDIRECT(参照文字列)

非常に特殊な関数なので、最初は機能や使い方はなかなかなじめないかと思います。ここでは本節サンプルとは別の簡単な例を用いて、INDIRECT関数の機能や基本的な使い方を解説します。

次の画面のように、A1セルに文字列「りんご」が入力してあるとします。そして、B1セルにINDIRECT関数を次のように入力したとします。

B1セルにINDIRECT関数を入力

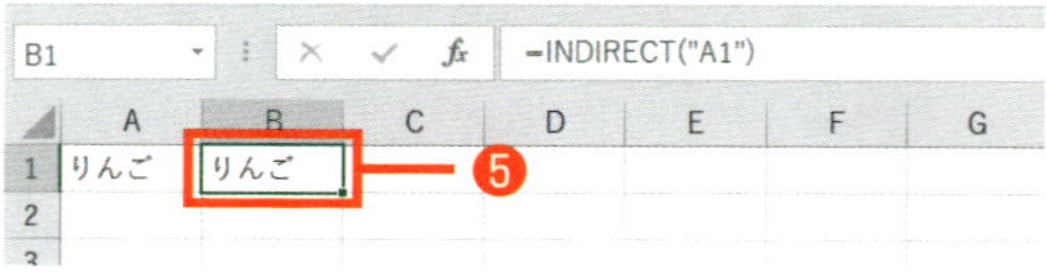

=INDIRECT("A1")

すると画面のように、B1セルには「りんご」と表示されます(❺)。B1セルのINDIRECT関数の引数には、「"A1"」と指定しました。「"」で囲っているので、文字列「A1」になります。その文字列「A1」への参照ということで、A1セルへの参照を返します。A1セルには文字列「りんご」が入力されているので、B1セルにはA1セルを参照した結果である「りんご」が表示されたのです。

続けて、A1セルに「商品名」という名前を定義したとします。そして、B1セルにINDIRECT関数を次のように入力したとします（❻）。すると画面のように、B1セルには「りんご」と表示されます（❼）。

セルに定義した名前を引数に指定してみると…

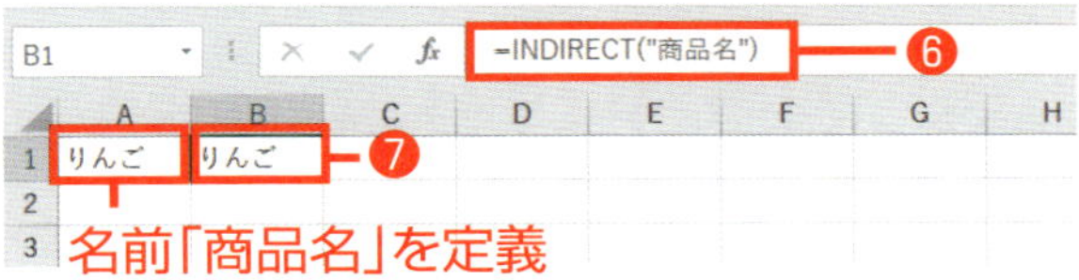


```
=INDIRECT("商品名")
```

B1セルのINDIRECT関数の引数には、「"商品名"」と指定しました。つまり、文字列「商品名」を指定しています。この場合、「商品名」という名前のセル範囲への参照を返すことになります。A1セルに「商品名」という名前を定義しているので、A1セルへの参照を返します。したがって、B1セルにはA1セルを参照した結果である「りんご」が表示されたのです。

・2つの産地の表を切り替えて抽出

千葉と茨城の商品一覧の表それぞれに名前を定義し、かつ、INDIRECT関数のキホンを学んだところで、さっそくVLOOKUP関数で、2つの産地の表を切り替えて単価を抽出してみましょう。VLOOKUP関数の引数「範囲」に指定する抽出元の表を、千葉の表と茨城の表で切り替えられれば、目的の抽出が行えることになります。

先ほど、千葉の商品一覧の表のセル範囲（ワークシート「商品一覧」のA5～B7セル）には「千葉」、茨城の商品一覧の表のセル範囲（ワークシート「商品一覧」のD5～E7セル）には「茨城」という名前を定義しました。そして、売上の表のB列には産地として、「千葉」または「茨城」のいずれかのデータが入力されます。

実は各産地の商品一覧の表に定義した名前「千葉」「茨城」と、売上の表のB列に入力されるデータ「千葉」「茨城」を同じ文言にわざわざ揃えたことは、抽出元の表を切り替えるための重要なポイントです。今回はたとえば、売上の表のB4セルに「千葉」と入力されたら、千葉の商品一覧の表を抽出元の表にしたいのでした。千葉の商品一覧の表のセル範囲には、B4セルに入力したデータと同じ名前「千葉」が定義してあります。

ここで登場するのがINDIRECT関数です。引数「参照」に文字列「千葉」を指定すれば、定義した名前「千葉」のセル範囲――つまり、千葉の商品一覧の表を参照できます。そして、引数「参照」には文字列「千葉」を直接指定するのではなく、その文字列が入ったB4セルを指定します。それでも同じ結果が得られます。

```
INDIRECT(B4)
```

引数「参照」にB4セルを指定すれば、もしB4セルに「茨城」が入力されたら、今度は名前「茨城」のセル範囲――つまり、茨城の商品一覧の表をINDIRECT関数で参照できます。このような仕組みによって、抽出元の表を切り替えられるようなります。

2つの表をINDIRECT関数で切り替える

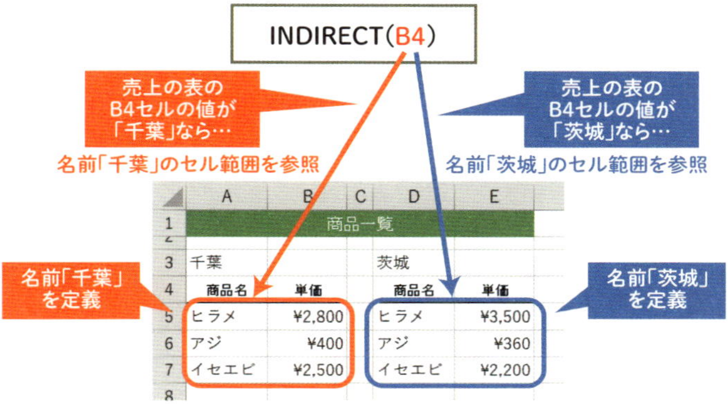

それでは、今考えた仕組みをVLOOKUP関数の数式に落とし込みましょう。売上の表のD4セルに、単価をB4セルの産地に応じて抽出する数式を考えます。

引数「検索値」には、商品名が入力されたC4セルを指定します。先ほど名前を定義した千葉と茨城の商品一覧の表はともに、1列目が商品名となっており、商品名で検索したいので、引数「検索値」には商品名が入力されたC4セルを指定します。

引数「範囲」には、先ほどのINDIRECT関数の数式「INDIRECT(B4)」を指定します。引数「検索方法」には完全一致のFALSEを指定します。これで、引数「検索値」に指定された商品名で、B4セルに入力された産地の商品一覧の表の1列目（A列またはD列）にて、完全一致で検索が行われます。

引数「列番号」には、単価は産地の商品一覧の表で2列目に位置しているので、2を指定します。以上をまとめるとVLOOKUP関数の数式は以下となります。なお、今回は列方向にコピーしないので、列は固定していませんが、もちろん固定しても問題ありません。

```
=VLOOKUP(C4,INDIRECT(B4),2,FALSE)
```

上記数式を売上の表のD4セルに入力します（❽）。そして、B4セルに「千葉」(❾)、C4セルに「ヒラメ」(❿)を入力すると、D4セルには「￥2,800」と表示されます（⓫）。

意図通りのデータが抽出された！

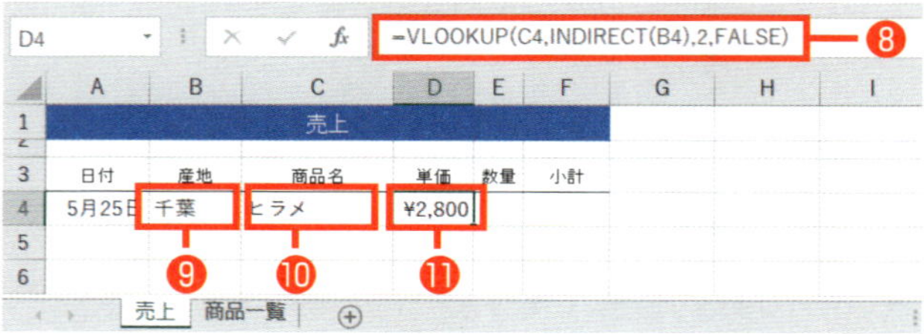

B4セルに「千葉」と入力されたので、「INDIRECT(B4)」によって、名前「千葉」のセル範囲（ワークシート「商品一覧」のA5～B7セル）が参照され、抽出元の表が千葉の商品一覧の表になります。その表にて、C4セルの「ヒラメ」が検索され、その2列目に位置する単価である「￥2,800」が抽出されたのです。

続けて、C4セルは「ヒラメ」のまま、B4セルを「茨城」(⓬)に変更すると、今度はD4セルに「￥3,500」と表示されます(⓭)。

B4セルを「茨城」に変更したら

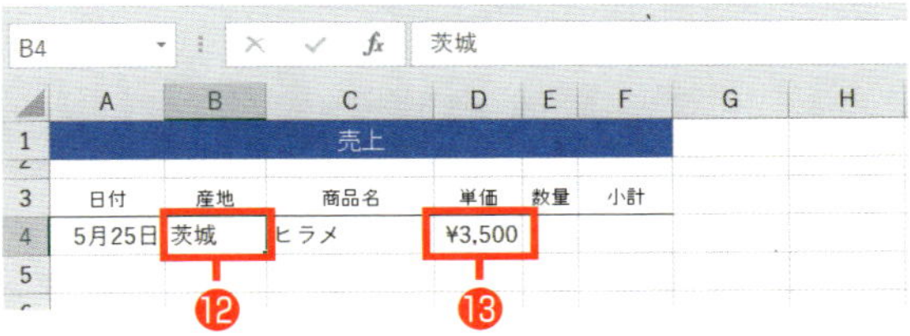

B4セルに「茨城」と入力されたので、「INDIRECT(B4)」によって、名前「茨城」のセル範囲（ワークシート「商品一覧」のD5～E7セル）が参照され、抽出元の表が茨城の商品一覧の表になります。その表にて、C4セルの「ヒラメ」が検索され、その単価である「¥3,500」が抽出されたのです。

今回のサンプルでは抽出元の表は千葉と茨城の2つでしたが、本節で紹介した方法なら、3つ以上でも用意する表と定義する名前を増やすだけで、VLOOKUP関数の数式自体は変更せずに済むので、簡単に対応できます。

Chapter 06

7 検索したい列が1列目にない！ どうする？ その①

抽出したいデータが検索対象の列よりも左側の列にある

VLOOKUP関数の検索は2-6節などで何度も触れているように、抽出元の表の1列目で必ず行われます。そのため、引数「範囲」に指定する抽出元の表は、検索対象の列を1列目とするセル範囲を指定しなければなりません。したがって、抽出したいデータは検索対象の1列目よりも、必ず右の列に設ける必要があります。言い換えると、検索対象の列よりも左側の列は抽出できないことになります。

ここで、抽出元の表で検索対象の列が2列目以降にあり、列の並び順をどうしても変更できないと仮定します。検索対象の列が1列目にない場合、通常なら検索対象の列から左側の列のデータはVLOOKUP関数で抽出できませんが、本節と次節では抽出可能とする方法を2通り解説します。

本節で解説する1つ目の方法は、ちょっとした手間によってVLOOKUP関数で抽出可能にするワザです。次節で解説する2つ目の方法は、VLOOKUP関数ではなく、別の関数で抽出する方法です。

・検索したい商品コードが2列目にある！

それでは、1つ目の方法を解説します。ごく単純で簡単な方法になります。本節のサンプルは「売上管理6-7.xlsx」を用いるとします。ダウンロードファイルのサンプル「売上管理6-7.xlsx」を開いてください。

本節のサンプルは6-3節までのサンプルと似ています。ワークシート「商品一覧」にある商品一覧が抽出元の表になります。大きく異なるのは、列「商品コード」がB列に位置していることです。替わりに、列「商品名」がA列にあります。検索対象である列「商品コード」が抽出元の表の2列目に位置しています。列の並び順は変更できないとします。

「売上管理6-7.xlsx」のワークシート「商品一覧」

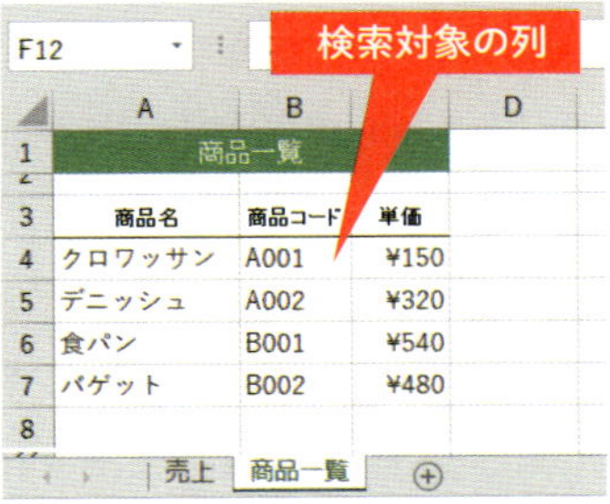

抽出先の表は、ワークシート「売上」にある商品一覧の表です。こちらは6-3節までのサンプルと全く同じです。B列に入力した商品コードによって、該当する商品名をC列に、単価をD列に商品一覧の表から抽出します。

「売上管理6-7.xlsx」のワークシート「売上」

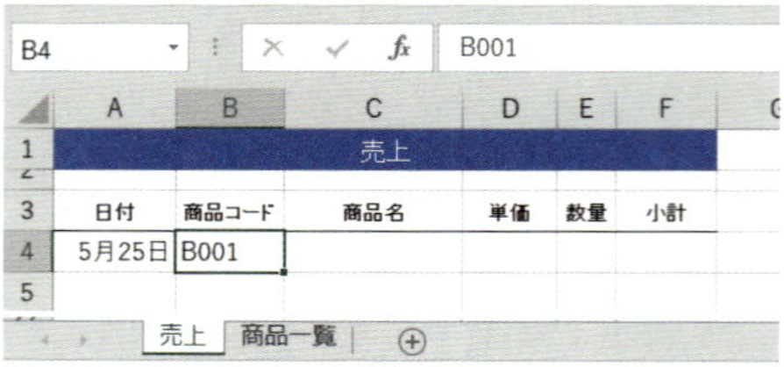

商品一覧の表は先述の通り、検索対象であるB列「商品コード」が2列目にあり、A列「商品名」はその左側の1列目にあるため、このままではA列「商品名」をVLOOKUP関数で抽出できません。

・検索用の列を表の左側に用意

この抽出元の表をVLOOKUP関数で抽出可能にするには、「商品コード」の列を1列目にもってくればよいのですが、列の並び順は変更できないのでした。どうすればよいのでしょうか？

その解決方法は、抽出元の表の左側に空の1列を挿入し、列「商品コード」と同じデータを別途用意してやります。そして、引数「範囲」に指定する抽出元の表のセル範囲に、追加した列を加えます。これで、列の並び順は変えないまま、検索対象の商品コードのデータが1列目に位置するようになったので、VLOOKUP関数での抽出が可能となります。

実際にサンプル「売上管理6-7.xlsx」で体験してみましょう。ワークシート「商品一覧」を開き、まずは商品一覧の表の1列目（A列）の左側に新たな列を挿入してください。挿入するには、A列の列見出し（❶）を右クリック→［挿入］をクリックします。すると、A列の位置に空の列が新たに挿入され、商品一覧の表全体が1列右のB～D列に移動します（❷）。

次に、挿入したA列に、商品コードのデータを入力します。元の商品コードのデータは商品一覧の表が1列右に移動したため、現時点ではC列に位置しています。

C列のデータをA列にコピー＆貼り付けしてもよいのですが、後にもしC列の商品コードのデータが変更されても、いちいち貼り付け直しせずに済むよう、参照するかたちにしましょう。1つ目の商品コードなら、元データはC4セルにあります。このデータをA列で同じ4行目であるA4セルに参照するよう、A4セルには次の数式を入力します（❸）。

```
=C4
```

これで、C4セルの商品コードがA4セルに入力できました。5行目以降も同様に、C列を参照する数式をコピーしてください（❹）。これで、C列の商品コードがA列にも用意できました。

A列の左側に空の列を挿入し、C列を参照

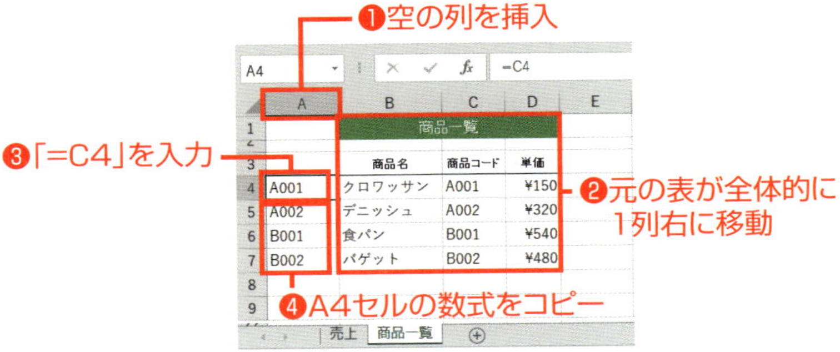

・商品名と単価を抽出してみよう

これで抽出元の表が準備できました。続けて、ワークシート「売上」の売上の表にて、C列「商品名」とD列「単価」のセルに、目的のデータを抽出するVLOOKUP関数の数式を入力しましょう。

どのような数式を入力すべきか、まずはC列「商品名」の先頭であるC4セルで考えます。引数「検索値」は、B列の商品コードで検索したいので、同じ行のB4セルを指定します。

引数「範囲」は先ほど準備した抽出元の表のセル範囲を指定します。元の表はA4～C7でしたが、A列の位置に空の列を挿入した関係で、元の表が1列右に移動し、かつ、A列のぶん1列増えているので、A4～D7セルを指定します。引数「検索方法」は完全一致で検索したいので、FALSEを指定します。

最後は引数「列番号」です。抽出したい商品名のデータは、元の表ではA列にありましたが、A列の位置に空の列の挿入したため、B列に移動しています。引数「範囲」にはA4～D7セルを指定したため、商品名はその2列目に位置します。したがって、引数「列番号」には2を指定します。

以上をまとめると、C4セルのVLOOKUP関数の数式は以下になります。

```
=VLOOKUP($B4,商品一覧!$A$4:$D$7,2,FALSE)
```

実際にC4セルに入力すると（❺）、画面のように、商品名のデータが意図通り抽出されます（❻）。

意図通り商品名のデータが抽出された

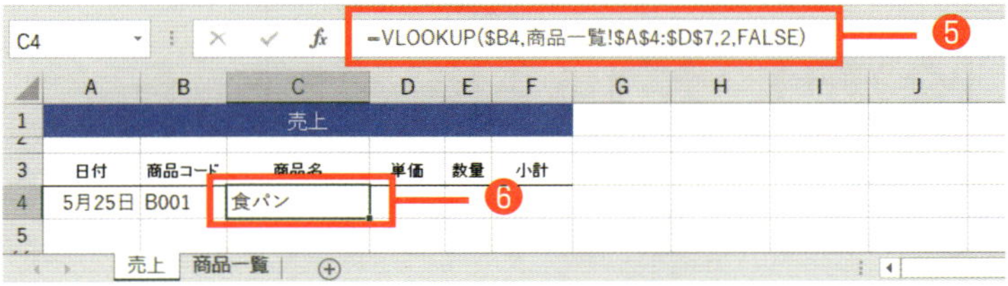

次に、売上の表のD4セルの単価にも、同様にVLOOKUP関数の数式を入力しましょう。D4セルでは単価のデータを抽出します。単価は商品一覧の表では4列目に位置しているので、引数「列番号」には4を指定します。

```
=VLOOKUP($B4,商品一覧!$A$4:$D$7,4,FALSE)
```

実際にD4セルに入力すると（❼）、画面のように、単価のデータが意図通り抽出されます（❽）。

意図通り単価のデータが抽出された

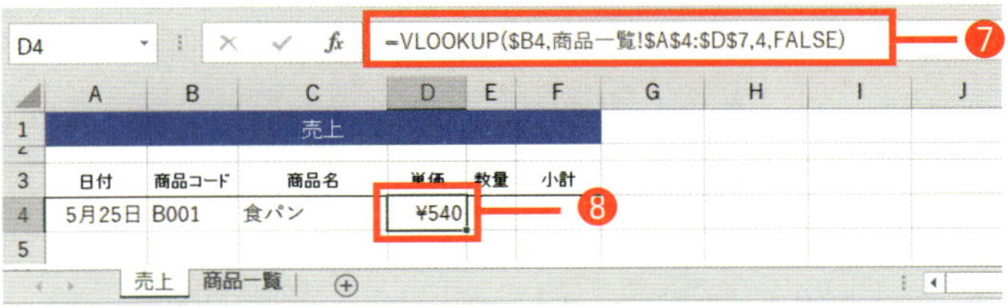

本節のサンプルは元の商品一覧の表がA列から始まっていたため、A列の位置に空の１列を挿入して検索対象の列にしましたが、もちろん元の抽出元の表の左側に空きの列が最初からあれば、それを検索対象の列に利用しても構いません。

Chapter 06

8 検索したい列が1列目にない！ どうする？ その②

VLOOKUP関数以外の関数で抽出する方法

前節では、抽出元の表で検索対象の列が1列目にない場合、検索対象の列から左側の列を抽出する1つ目の方法を紹介しました。本節では2つ目の方法を解説します。1つ目の方法が使えないケースで、VLOOKUP関数以外の関数で抽出する方法です。

・左側に列を挿入できない表だが……

前節で紹介した1つ目の方法は、抽出元の表の左側に1列設け、その列で検索対象の列を参照して同じデータを用意し、その列を検索対象としてVLOOKUP関数で抽出しました。

この方法はあくまでも、抽出元の表の左側に1列設けられる場合のみ使えます。たとえば抽出元の表が1列目に検索対象の列がなく、かつ、A列から始まっており、さらには、何かしらの理由で表の場所を動かせず、A列の位置に列を挿入できない場合は、1つ目の方法は使えません。

そうなると、もうVLOOKUP関数自体が使えません。繰り返しになりますが、VLOOKUP関数は抽出元の表の1列目で必ず検索されます。検索対象の列よりも左側にある列は抽出できないのでした。たとえば、前節で登場したサンプルの商品一覧の表がそのような条件でしたら、VLOOKUP関数での抽出は不可能になってしまいます。

VLOOKUP関数での抽出は不可能！

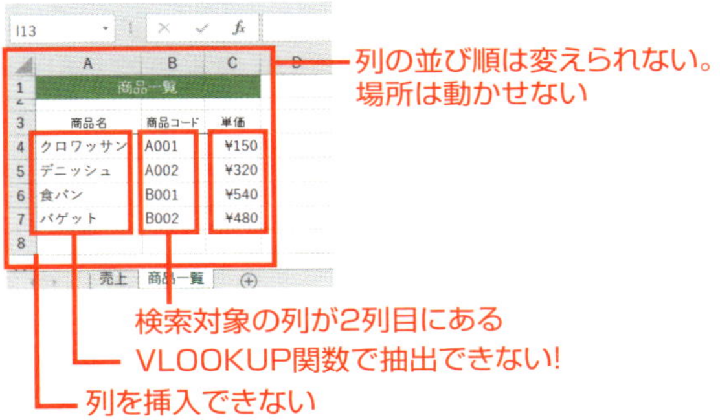

・OFFSET関数とMATCH関数なら抽出できる

1列目を検索対象の列にできず、かつ、左側に列を挿入して表を移動できないのなら、どのような方法で抽出すればよいのでしょうか？

ここで登場するのが、OFFSET関数とMATCH関数を組み合わせた方法です。**VLOOKUP関数は使わず、OFFSET関数とMATCH関数の組み合わせによって抽出を行うのです。**

OFFSET関数は6-2節ですでに登場しました（P139参照）。指定したセルを基準に、指定した行数および列数だけ移動したセルを取得できる関数です。引数「高さ」と「幅」は省略可能であり、省略するとセル範囲ではなく、単一のセルを取得できます。

書式

OFFSET（参照 , 行数 , 列数）

参照：基準のセル、**行数**：移動する行数、
列数：移動する列数

たとえば次の画面のように、A1 ～ B4セルにデータが入力されているとします。D1セル（❶）に次のようなOFFSET関数の数式を入力すると、「メロン」が表示されます（❷）。

```
=OFFSET(A1,2,1)
```

OFFSET関数の数式を入力すると「メロン」が表示される

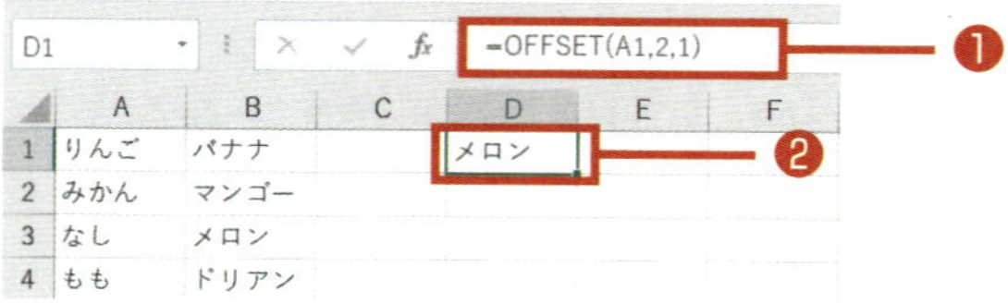

引数「参照」にA1セル、引数「行数」に2、引数「列数」に1を指定しています。すると、A1セルを基準に、2行1列移動したセルであるB3セルを取得します。よって、B3セルのデータである「メロン」がD2セルに表示されたのでした。

この例のように引数「行数」と引数「列数」は、基準となるセルの位置を0として数値を指定する点がポイントです。

・MATCH関数のキホン

次に、MATCH関数の基本的な使い方を解説します。MATCH

関数は指定した値を指定したセル範囲のなかで検索し、何番目にあるかの数値を返す関数です。

書式

MATCH（検査値，検査範囲，照合の種類）

検査値：検索する値、**検査範囲**：検索するセル範囲

照合の種類：検索方法を以下で指定

1：以下
0：完全一致
-1：以上

たとえば次の画面のように、A1～A4セルにデータが入力されているとします。C1セル（❸）に次のようなMATCH関数の数式を入力すると、「3」が表示されます（❹）。

MATCH関数の数式を入力すると「3」が表示される

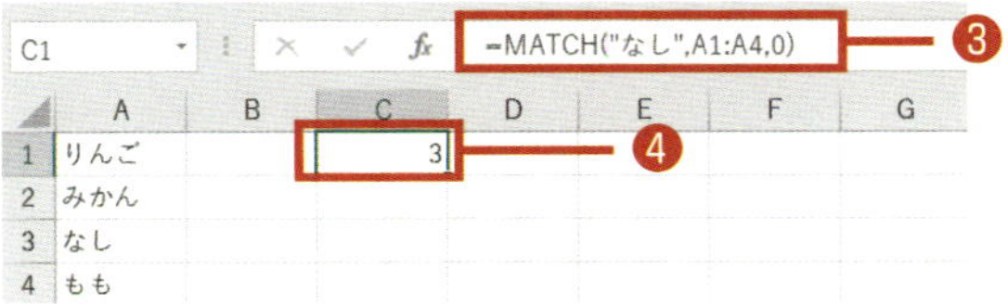


```
=MATCH("なし",A1:A4,0)
```

引数「検査値」に指定した「なし」が、引数「検査範囲」に指定したA1～A4セルで検索されます。その際、引数「照合の種類」に0を指定したため、完全一致で検索されます。「なし」はA3セル——つまり、A1～A4セルの3番目のセルにあるため、3が返されます。

・商品名と単価を抽出してみよう

OFFSET関数とMATCH関数のキホンを学んだところで、さっそくサンプルの売上の表で使ってみましょう。本節のサンプルは「売上管理6-8.xlsx」を用いるとします。ダウンロードファイルのサンプル「売上管理6-8.xlsx」を開いてください。商品一覧の表は本節冒頭の画面と同じものとします。

まずは売上の表のC4セルに商品名を抽出する数式を考えましょう。売上の表のB4セルに入力された商品コードに合致する商品名を、商品一覧の表から抽出します。

まずは売上の表のB4セルの商品コードが、商品一覧の表で商品コードのデータが入力されているB4～B7セルのなかで何番目にあるか、MATCH関数で調べましょう。引数「検査値」には、目的の商品コードが入力されている売上の表のB4セルを指定します。引数「検査範囲」には、商品一覧の表の商品コードが入力されているB4～B7セルを指定します。引数「照合の種類」は完全一致で検索したいので0を指定します。以上を踏まえると、次の数式になります。

```
MATCH($B4,商品一覧!$B$4:$B$7,0)
```

これでB4セルの商品コードが何番目にあるのか、数値として得られます。この数値を利用して、OFFSET関数を用いて、目的の商品名のデータを抽出します。

商品一覧の表にて、OFFSET関数で商品名のデータを抽出する数式は今回、基準となるセルはA3セルとします。列見出し「商品名」のセルになります。そのため、OFFSET関数の引数「参照」には、ワークシート「商品一覧」のA3セルを指定します。

引数「行数」は、目的の商品コードが何番目にあるのかの数値を指定します。ここではひとまず仮に<行数>と記述しておきます。引数「列数」ですが、基準セルが商品名の列見出しセルであり、同じ列の商品名を抽出したいので、同じ列ということで0を指定します。

```
=OFFSET(商品一覧!$A$3,<行数>,0)
```

あとは上記の<行数>の部分に、先ほど考えたMATCH関数の数式を当てはめます。

```
=OFFSET(商品一覧!$A$3,MATCH($B4,商品一覧!$B$4:$B$7,0),0)
```

これで、売上の表のC4セルにて、B4セルの商品コードに該当する商品名を、商品一覧の表から抽出できるようになりました。実際に上記の数式をC4セルに入力すると（❺）、意図通り商品名「食パン」が抽出されます（❻）。

商品名を商品一覧の表から抽出できる

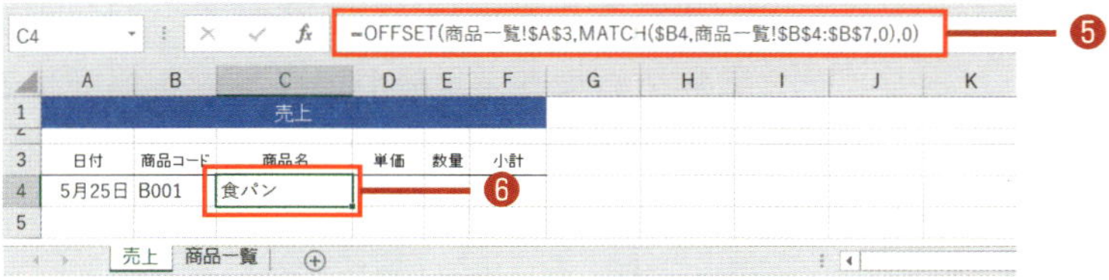

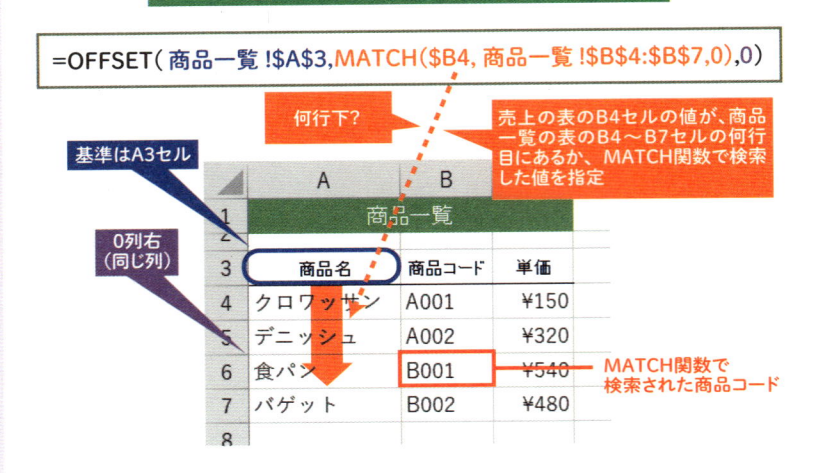

MATCH関数で検索し、OFFSET関数で抽出

=OFFSET(商品一覧 !$A$3,MATCH($B4, 商品一覧 !$B$4:$B$7,0),0)

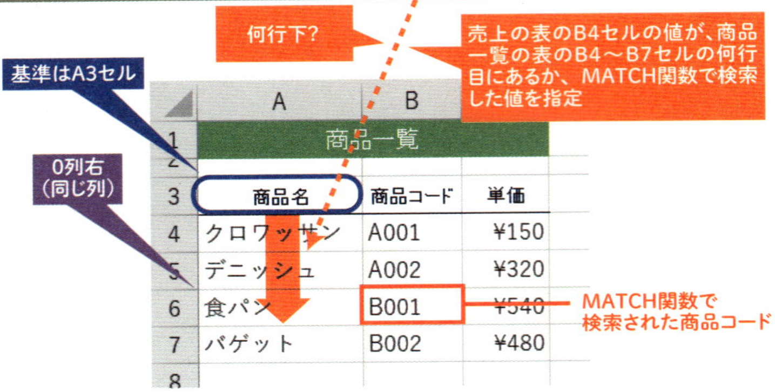

商品一覧の表にて基準セルを列見出し「商品名」のA3セルとしたのは、MATCH関数で得られた数値をそのままOFFSET関数の引数「行番号」に指定するのに都合がよいからです。MATCH関数では1番目、2番目、……といった数値が得られます。一方、OFFSET関数は基準セルが0で、1行移動、2行移動……というかたちで指定をします。そのことを考慮し、MATCH関数で得られた数値をそのまま指定できるよう、A3セルとしたのです。

もちろん、たとえば1行下のA4セルを基準セルとし、引数「行数」にはMATCH関数の結果から1を引いた数値を指定するなど、基準セルはA3セル以外でも抽出は可能です。また、基準セルをA列以外のセルにしたければ、引数「列数」を適切に指定すれば可能です。たとえばB3セルを基準セルにしたなら、A列の商品名を抽出する際、引数「列数」には、1列左を意味する-1を指定します。

なお、あとで行方向にコピーすることを考慮し、行は固定します。列も固定していますが、列方向にコピーしないので、固定しなくても構いません。

続けて、売上の表のD4セルに単価を抽出する数式を考えましょう。抽出したい単価のデータは、商品一覧の表のC列に位置しています。基準としたA3セルから2列移動した列なので、OFFSET関数の引数「列数」には2を指定すればよいことになります。以下の数式をD4セルに入力すると（❼）、意図通り単価「￥540」が抽出されます（❽）。

```
=OFFSET(商品一覧!$A$3,MATCH($B4,商品一覧!$B$4:$B$7,0),2)
```

OFFSET関数の引数「列数」には2を指定

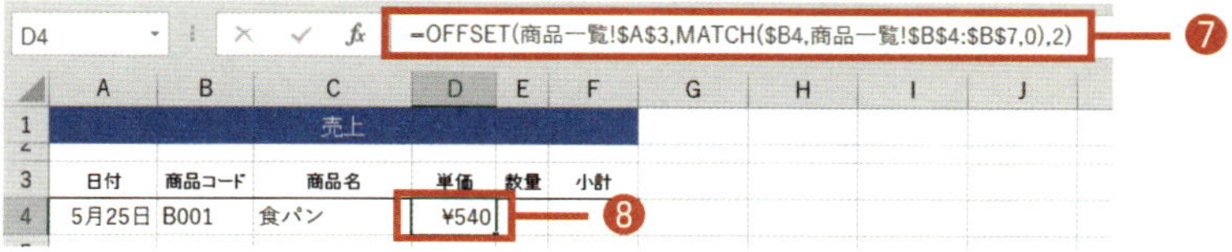

以上がOFFSET関数とMATCH関数の組み合わせで抽出する方法です。抽出元の表がVLOOKUP関数を使えないかたちなら、この方法を使いましょう。

なお、OFFSET関数の替わりにINDEX関数を使う方法もあります。詳細は割愛させていただきますが、よく知られた方法なので、興味がある方は他の書籍やWebサイトなどで調べてみるとよいでしょう。

Chapter 06

9

大量のVLOOKUP関数でブックが重くなったら

↓

処理を待っている時間を短縮したい！

1つのブックで、入力しているVLOOKUP関数の数が増えてくると、動作が鈍くなることがよくあります。本節では、その対策方法を紹介します。

・何度も再計算待ちでイライラ！

抽出先の表にVLOOKUP関数を入力したセルが膨大な数あり、さらに抽出先の表のワークシートが何枚もある……そのようなブックでは、抽出元の表のセルの値を変更したり、コピー＆貼り付けや行／列の削除や挿入などを行ったりしたら、Excelの動作が極端に鈍くなってしまいます。

動作が極端に鈍くなると、ステータスバーに「再計算」と表示され、マウスポインターが処理中の形状になるなどの状態になり、Excelが操作を受け付けない状態がしばらく続いてしまいます。はやく次の作業をしたいのに待たされ、それが何度も続くと、イライラはつのるばかりでしょう。

たとえば次の画面は少々極端な例ですが、VLOOKUP関数が数十万行×4列×ワークシート3枚分入力されているブックです。ファイルサイズは100MB近くもあります。

このブックにて、抽出元の表のD6セルのデータを「¥2,980」から「¥2,780」に変更すると、ステータスバーに再計算中の旨と進行具合が%（パーセント）で表示されるなどして、処理が終わるまでは次の操作を一切できない状態になります。筆者の環境（CPU：Core i3-3217U 1.80Ghz　メモリ：4GB）では、操作できない状態が20秒近くも続きました。

ステータスバーに「再計算」と表示される

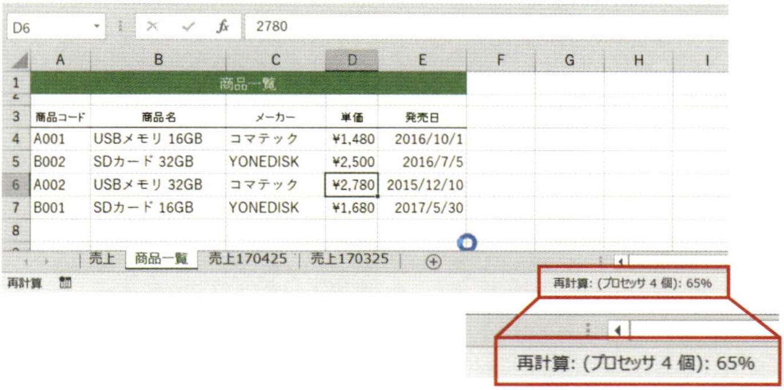

この例のブック以外でも、VLOOKUP関数の数や使っているパソコンのスペックなどによっては、何分も待たされることもあります。

Excelの動作が極端に鈍くなる主な原因は、身も蓋もない言い方ですが、VLOOKUP関数自体の処理の重さです。実はVLOOKUP関数はコンピューターにとって比較的負荷の大きい関数なのです。数が少ないうちは問題ないのですが、大量に使われると負荷が膨れあがり、処理待ちの時間が長くなり、操作できない状態になってしまうのです。

このように大量のVLOOKUP関数によってブックが重くなる問題について、本節では対処方法を3通り紹介します。

・暫定的な対処だけど効果大

1つ目は、いわば対処療法的かつ暫定的ですが、素早く簡単にでき、効果も大きい対処方法です。

大量のVLOOKUP関数でブックが重くなり、操作ができなくなる事態が発生するきっかけの多くは「再計算」です。Excelは標準では、セルのデータが入力・変更されると、そのセルを参照しているすべての数式が自動で再計算されるようになっています。

大量のVLOOKUP関数に参照されているセルのデータが入力・変更されると、大量のVLOOKUP関数で自動で再計算が行われ、なかなか処理が終わらなくなり、待たされてしまいます。データの入力・変更を何度も行うと、その度に待たされます。

1つ目の対処方法は、再計算を自動ではなく、手動で実行するよう設定を変更することです。手動にすれば、VLOOKUP関数に参照されているセルのデータが入力・変更されても、再計算が自動で実行されないので、VLOOKUP関数が大量でも処理待ちになりません。

そして、データが入力・変更が一通り終わったら、再計算を手動で実行すればよいのです。これなら、再計算が行われるのは最後の1回だけなので、データの入力・変更を何度行っても、処理待ちは1回のみで済みます。

再計算の設定変更は［数式］タブの右端にある［計算方法の設定］で行います。クリックしてメニューを開くと、［自動］がオンなっていることがわかります。［手動］（❶）をクリックすれば、自動から手動へ変更できます。

［手動］をクリック

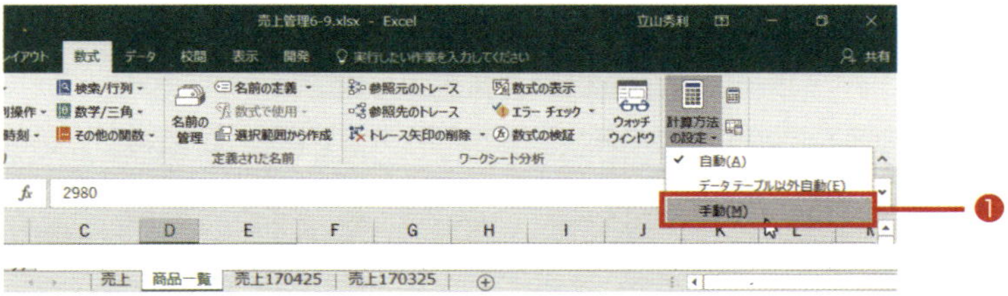

手動に変更した後は、たとえば先ほどのステータスバーに「再計算」と表示されたの例で、VLOOKUP関数の抽出元の表のD6セル（❷）のデータを「￥2,980」から「￥2,780」に変更しても、再計算は行われません。

再計算は行われない

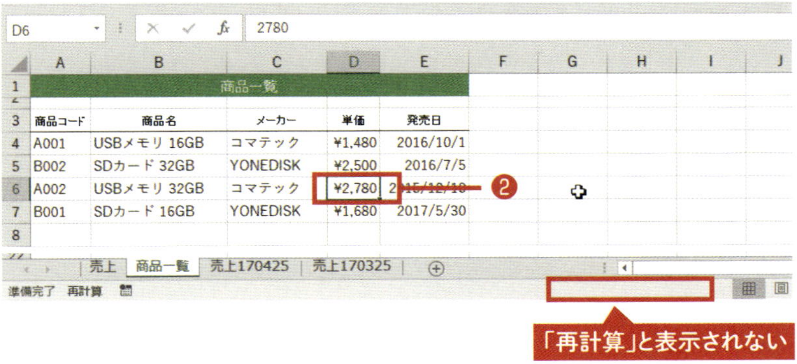

このように再計算で待たされなくなりますが、その反面、参照先の表でVLOOKUP関数が入力されているセルを見ても、変更後のデータが抽出されず、変更前のままです。

変更後のデータを抽出するには、再計算を手動で行う必要があります。再計算を行うには、［数式］タブの［シート再計算］（❸）をクリックします（もしくはステータスバーの左側にある［再計算］をクリック）。

［シート再計算］をクリック

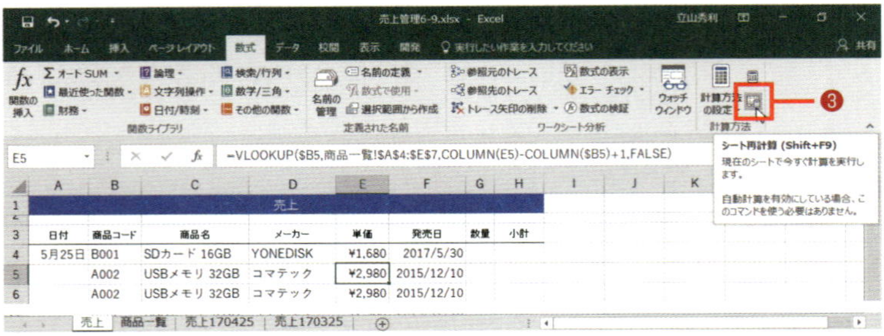

これで再計算が行われ、変更後のデータがVLOOKUP関数で抽出されました。もちろん再計算中は待つことになりますが、最後の1回だけで済みます。

データ変更が反映された

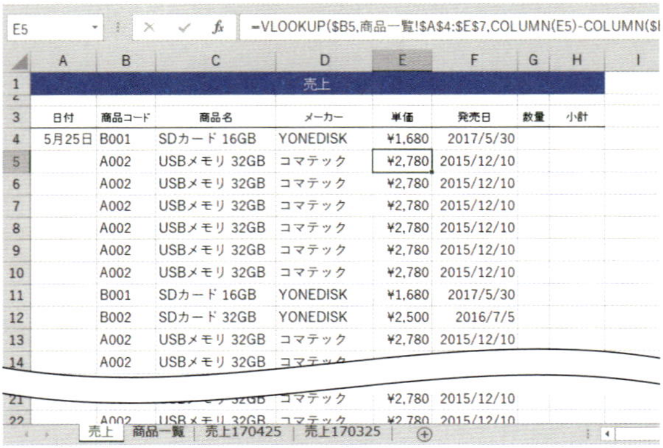

なお、［シート再計算］は現在表示中のワークシートのみで再計算を行います。ブックのすべてのワークシートで再計算を行いたければ、すぐ上にある［再計算実行］をクリックしてください。

また、再計算の設定変更は「Excelのオプション」ダイアログボックスでも可能です。画面左の一覧から［数式］を選び、［ブックの計算］にて設定します。

「Excelのオプション」のブックの計算

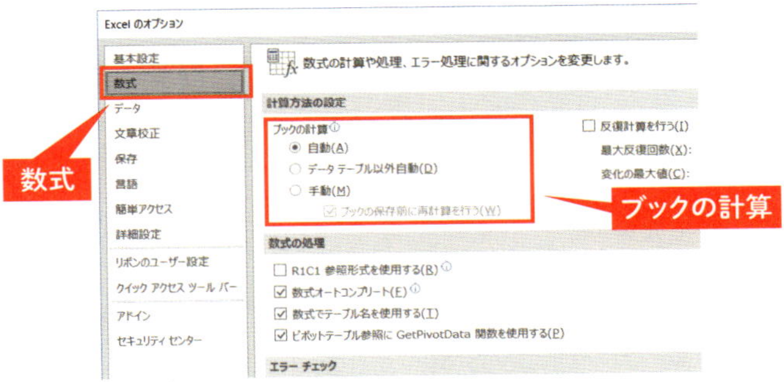

・検索は近似一致の方が軽い

2つ目と3つ目の方法はより本質的な対処であり、VLOOKUP関数そのものの処理を少しでも軽くすることで、処理待ちの時間を減らします。

2つ目の方法は検索方法を**近似一致**に変更することです。実はVLOOKUP関数での検索は、近似一致より完全一致の方がコンピューターへの負担が大きいのです。処理を少しでも軽くして、処理待ちの時間を減らすには、検索は近似一致で可能なら近似一致で行うべきです。

実は完全一致で検索したい場合では、近似一致でも意図通り検索できるケースがほとんどです。ただし、抽出元の表で検索対象の列（1列目）のデータが昇順で並んでいることが絶対条件です。検索対象の列が昇順に並んでさえいれば、原則、近似一致でも完全一致と同じように検索できます。

本節のサンプルでは、抽出元の表は6-9節冒頭（P197）の画面の通り、検索対象の列であるA列「商品コード」は昇順で並んでいません。そこで、昇順で並べ替えましょう。昇順での並べ替えは、［ホーム］タブの［並べ替えとフィルター］（❹）→［昇順］を利用すると便利です。

ワークシート「商品一覧」のA列「商品コード」の並びを昇順にする

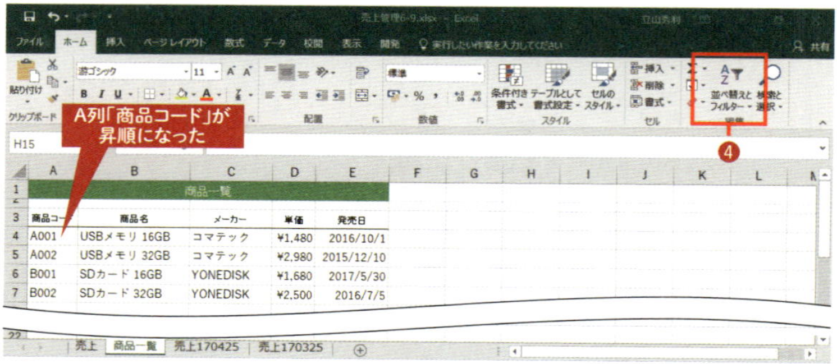

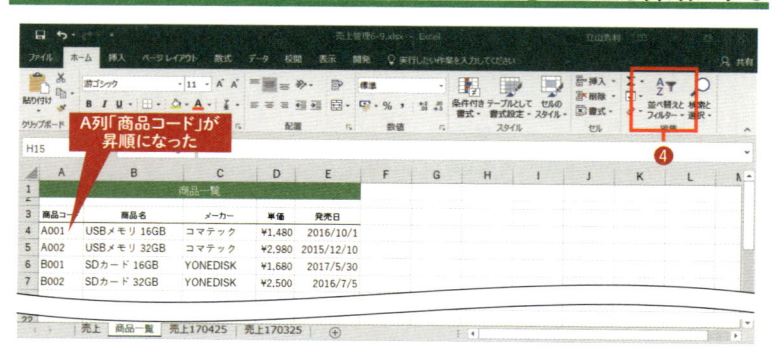

あとはVLOOKUP関数の引数「検索方法」を完全一致のFALSEから、近似一致のTRUEにすべて変更します（❺）。これで意図通りにデータを抽出する機能を保ちつつ、近似一致に変更したことで、処理待ちの時間を減らすことができました。

引数「検索方法」をFALSEからTRUEに変更

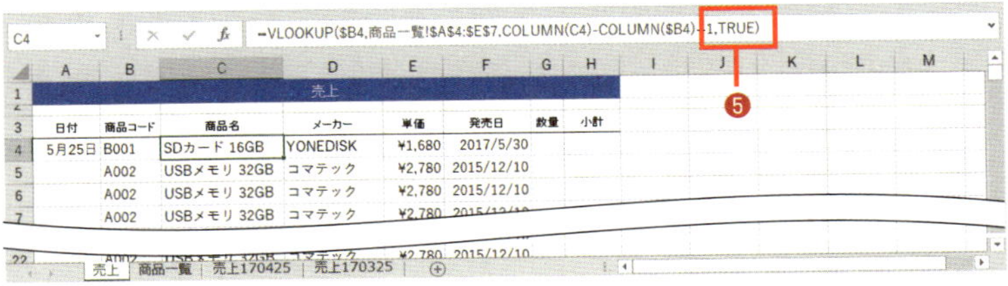

・列全体での参照をやめる

3つ目は、VLOOKUP関数そのものの処理を少しでも軽くするもうひとつの方法です。その方法とは、列全体で参照をやめることです。

6-1節～6-2節では、抽出元の表のデータ増に自動で対応するため、VLOOKUP関数の引数「範囲」の設定を工夫する際、列全体を指定するテクニックが登場しました。6-2節の最後（P146）でも既に述べたように、列全体の参照はコンピューターへの負荷が大きいのでした。特に6-1節のように、抽出元の表すべてを列全体で指定する方法は負荷がより大きくなります。

ただでさえVLOOKUP関数の数が多いと、処理待ちの時間が長くなるのに、引数「範囲」を列全体で指定すると、さらに長くなってしまいます。

列全体で指定すると動作が重くなる

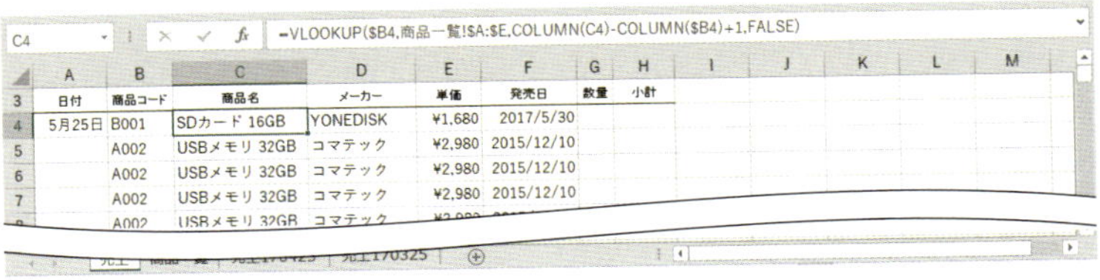

そのような事態を避けるには、列全体の参照をやめることです。もし、抽出元の表のデータ増にある程度自動で対応可能なまま、処理待ちの時間を減らしたければ、6-2節で紹介したように、行を絞り込んで指定する方法を用いるとよいでしょう。

本節では大量のVLOOKUP関数によって、ブックの動作が鈍くなる問題への対処方法を解説しました。処理を少しでも軽くする方法は他にも、MATCH関数とINDEX関数を使い、検索値が存在するか先に調べ、存在するならVLOOKUP関数を実行するなど、いくつかあります。

また、この問題はVLOOKUP関数に限らず、処理が重い他の関数でも同様に起きます。さらにはセルの数式のみならず、「条件付き書式」などでも、処理が重い関数を使って大量に設定されていると、ブックの動作が鈍くなるので注意しましょう。

そして、そもそも1つのブックのデータ量が多いこと自体、動作を重くしてしまいます。ファイルのサイズが何十MB、何百MBもあるブックだと、再計算だけにとどまらず、上書き保存など他の処理も重くなるので、別のブックに適宜分割するとよいでしょう。

おわりに

いかがでしたか？　これまでVLOOKUP関数の習得に挫折していた読者の方は、機能や使いどころを把握し、基本的な使い方はマスターできましたでしょうか？　これまでVLOOKUP関数をごく単純な使い方しかしてこなかった読者の方は、今まで以上に使いこなせるようになり、VLOOKUP関数の便利さをより活かせるようになりましたか？

読者のみなさんが今後、VLOOKUP関数を使いこなし、仕事の効率や正確性を今までより大幅に効率できることに、本書が少しでもお役に立つことを願っております。

索引

記号

アルファベット

ア行

カ行

サ行

タ行

ナ行

ハ行

ラ行

著者略歴

立山　秀利（たてやま　ひでとし）

フリーライター。1970年生まれ。
Microsoft MVP（Most Valuable Professional）アワード Excel カテゴリを 2015年から連続受賞。
筑波大学卒業後、株式会社デンソーでカーナビゲーションのソフトウェア開発に携わる。
退社後、Web プロデュース業を経て、フリーライターとして独立。現在はシステムやネットワーク、Microsoft Office を中心に PC 誌等で執筆中。著書に『Excel VBA のプログラミングのツボとコツがゼッタイにわかる本」（秀和システム）、『入門者の Excel VBA』『実例で学ぶ Excel VBA』『入門者の JavaScript』（いずれも講談社）や Excel や Access 関連の下記書籍（いずれも秀和システム）がある。

Excel VBA セミナーも開催している。
セミナー情報 http://tatehide.com/seminar.html

・Excel 関連書籍

『Excel VBA で Access を操作するツボとコツがゼッタイにわかる本』
『Excel VBA のプログラミングのツボとコツがゼッタイにわかる本』
『続 Excel VBA のプログラミングのツボとコツがゼッタイにわかる本』
『続々 Excel VBA のプログラミングのツボとコツがゼッタイにわかる本』
『Excel 関数の使い方のツボとコツがゼッタイにわかる本』
『デバッグ力でスキルアップ！ Excel VBA のプログラミングのツボとコツがゼッタイにわかる本』

・Access 関連書籍

『Access のデータベースのツボとコツがゼッタイにわかる本 2013/2010 対応』
『Access マクロ &VBA のプログラミングのツボとコツがゼッタイにわかる本』

VLOOKUP関数のツボとコツがゼッタイにわかる本

発行日	2017年 10月 10日	第1版第1刷
	2020年　2月 22日	第1版第3刷

著　者　立山　秀利

発行者　斉藤　和邦

発行所　株式会社　秀和システム

〒135-0016

東京都江東区東陽2-4-2　新宮ビル2F

Tel 03-6264-3105（販売）　Fax 03-6264-3094

印刷所　三松堂印刷株式会社

ISBN978-4-7980-5167-3 C3055